最新修正版

全攻略

麥田金老師**不藏私配方**，讓您完勝考試！

烘焙食品 丙級 完勝密技

麵包 × 西點蛋糕 × 餅乾

麥田金 著

作者序

我第六本書《全攻略》烘焙乙級完勝密技出版後，因為內容寫得非常詳細，書中有許多考場小叮嚀和應考心得，讓讀者們覺得很實用，所以我收到許多來自各界的聲音，好多餐飲科的學生，希望我能夠出版一本《全攻略》丙級烘焙考試用書，讓讀者們可以一本秘技在手，完勝所有烘焙丙級的考試項目，這是促成我撰寫這本書的主因。

出版一本烘焙書，需要耗費數個月的時間，從研發、試吃、紀錄、調整、寫稿、校對、拍照、排版、文編、美編、對色、印刷，有好多好多細節需要編排，才能成就一本烘焙書，尤其是寫考試用書，更有許多細節要用心及注意。這本書，我根據勞動部發展署技能檢定中心所公告的題目，編撰出最新的《全攻略》烘焙丙級完勝密技，希望大家能藉由這本書，成功陪伴讀者考取第一張證照。

烘焙丙級證照考試，對許多應考的讀者來說，是考取證照的基礎。為了幫讀者做好基本功，我將每一道配方分析的清楚仔細，細算出烘焙係數和計算過程，讓考生可以理解每一道題目的重點，並將每一個細節和重點，都用圖文並茂的方式呈現，我還用小叮嚀提醒考生應考時要注意的地方，涵蓋了許多在烘焙丙級考試中會出現的問題，提升更高的製作效率、降低逾時率及失敗率，讓考生可以更有信心地完成應考項目。

考試的題目是公開的，但是我常常聽到考生說，練習考試的作品很難吃，這點讓我很驚訝！為了導正這個刻板印象，我用教學25年、開店23年的經驗，精心設計出好做又好吃的配方，讓讀者看書練習做，也可以做出美味的麵包、西點蛋糕、餅乾。

希望所有的考生及讀者在閱讀本書後，勤加練習，順利通過考試，取得證照。

最後，感謝所有參與本書的製作人員，謝謝各位的協助，讓《全攻略》烘焙丙級完勝密技可以順利完美的出版。謝謝大家。

CONTENTS | 目錄

- 002　**作者序 Preface**
- 006　**簡章 Information**
- 006　壹、技術士技能檢定烘焙食品丙級術科測試試題應檢須知
- 010　貳、技術士技能檢定烘焙食品丙級術科參考配方表
- 010　參、技術士技能檢定烘焙食品丙級術科測試製作報告表
- 011　肆、以零分計情形種類表
- 011　伍、技術士技能檢定烘焙食品丙級術科測試時間配當表
- 016　**原料表 -Ingredient**
- 018　**器材表 -Equipment**
- 020　**模具表 -Mould**
- 022　**測試產品組合表 -Combination**
- 144　**開課資訊 Class**
- 145　**術科指定參考配方表 -Recipe**

學科試題連結

勞動部勞動力發展署　　　　　學／術科
技能檢定中心　　　　　　　測試參考資料

麵包 Bread

A　山形白土司 P.030

B　布丁餡甜麵包 P.036

C　橄欖形餐包 P.044

D　圓頂葡萄乾土司 P.050

E　圓頂土司 P.056

F　紅豆甜麵包 P.062

G　奶酥甜麵包 P.068

西點蛋糕 Cake

- A 巧克力戚風蛋糕捲 P.076 
- B 大理石蛋糕 P.82 
- C 海綿蛋糕 P.88 
- D 香草天使蛋糕 P.94 
- E 蒸烤雞蛋牛奶布丁 P.98 
- F 泡芙（奶油空心餅）P.102 
- G 檸檬布丁派 P.108

餅乾 Cookie

- A 貓舌小西餅 P.116 
- B 葡萄乾燕麥小西餅 P.120 
- C 調味小餅乾 P.124 
- D 擠注成型小西餅 P.128 
- E 瑪琍餅乾 P.132 
- F 蘇打餅乾 P.136 
- G 椰子餅乾 P.140

簡章 Information

壹、技術士技能檢定烘焙食品丙級術科應檢須知

（考生請攜帶本應檢須知至術科測驗考場）

一、一般性應檢須知

（一）、應檢人員不得攜帶規定項目以外之任何資料、工具、器材進入考場，違者以零分計。

（二）、應檢人應按時進場，逾規定檢定時間十五分鐘，即不准進場，其成績以「缺考」計。

（三）、進場時，應出示學科准考證、術科檢定測驗通知單、身份證明文件及考題之參考配方表，並接受監評人員檢查。

（四）、檢定使用之原料、設備、機具請於開始考試後十分鐘內核對並檢查，如有疑問，應當場提出請監評人員處理。

（五）、應檢人依據檢定位置號碼就檢定位置，並應將術科檢定測驗通知單及身份證明文件置於指定位置，以備核對。

（六）、應檢人應聽從並遵守監評人員講解規定事項。

（七）、檢定時間之開始與停止，悉聽監評人員之哨音或口頭通知，不得自行提前開始或延後結束。

（八）、應檢人員應正確操作機具，如有損壞，應負賠償責任。

（九）、應檢人員對於機具操作應注意安全，如發生意外傷害，自負一切責任。

（十）、檢定進行中如遇有停電、空襲警報或其他事故，悉聽監評人員指示辦理。

（十一）、檢定進行中，應檢人員因本身疏忽或過失導致機具故障，須自行排除，不另加給測試時間。

（十二）、檢定時間內，應檢人員需將製作報告表與所有產品放置墊牛皮紙（60磅（含）以上）之產品框內，並親自送繳至評審室，測試結束時監評人員針對逾時應檢人，需在其未完成產品之製作報告表上註明『未完成』，並由應檢人員簽名確認。

（十三）、應檢人員離場前應完成工作區域之清潔（清潔時間不包括在檢定時間內），並由場地服務人員點收機具及蓋確認章。

（十四）、試場內外如發現有擾亂秩序、冒名頂替或影響測試等情事，其情節重大者，得移送法辦。

（十五）、應檢人員有下列情形之一者，予以扣考，不得繼續應檢，其已檢定之術科成績以不及格論：

　1. 冒名頂替者，協助他人或託他人代為操作者或作弊。
　2. 互換半成品、成品或製作報告表。
　3. 攜出工具、器材、半成品、成品或試題及製作報告表。
　4. 故意損壞機具、設備。
　5. 不接受監評人員勸導，擾亂試場內外秩序。

（十六）、應檢人員有下列情形之一者，得**以零分計**：

　1. 檢定時間依試題而定，超過時限未完成者。
　2. 每種產品製作以一次為原則，未經監評人員同意而重作者。
　3. 成品形狀或數量或其他與題意不合者（含特別規定）不符者（如試題另有規定者，依試題規定評審）。
　4. 成品尺寸（須個別測量並記錄）與題意不符者（如試題另有規定者，依試題規定評審）。
　5. 剩餘麵糰或麵糊或餡料超過規定10%(>10%)者（如試題另有規定者，依試題規定評審）。
　6. 成品烤焙不熟、烤焙焦黑或不成型等不具商品價值者。
　7. 成品不良率超過20%（＞20%）(試題另有規定者，依試題規定評審)。
　8. 使用別人機具或設備者。
　9. 經三位監評鑑定為嚴重過失者，譬如測試完畢未清潔歸位者。

10. 每種產品評審項目：工作態度與衛生習慣、配方制定、操作技術、產品外觀品質及產品內部品質等五大項目，其中任何一大項目成績被評定為零分者。

(十七)、每種產品得分均需在 60 分（含）以上始為及格。
(十八)、試題中所稱「以上、以下、以內者」。
(十九)、未盡事宜，依「※技術士技能檢定及發證辦法」、「技術士技能檢定〉作業及試場規則」等相關規定辦理。

二、專業性應檢須知

(一)、應檢者可自行選擇下列三項中之一項應檢，每類項有 7 種產品，測試前由術科測試編號最小號，應檢人抽出 1 支組合籤，再由監評長抽 1 種數量籤以供測試，抽測之產品需在規定時限內製作完成。
　　1. 麵包類　2. 西點蛋糕類　3. 餅乾類
(二)、基於食品衛生安全及專業形象考量，應檢人員應依規定穿著服裝，未依規定穿著者，不得進場應試，術科成績以不及格論。（應檢人服裝圖示及說明如 P.013）
(三)、製作說明：
　　1. 應檢人進場僅可攜帶本職類試題＼貳、技術士技能檢定烘焙食品丙級術科指定參考配方表（本表可至技檢中心網站下載使用，但不得使用其他格式之配方表）。原料及產品數量必須當場計算填入製作報告表中，依規定產品數量詳細填寫原料名稱、百分比（烘焙百分比或實際百分比皆可）、重量，並將製作程序加以記錄之。
　　2. 應檢人於抽題後，依參考配方表計算所需材料，計算耗損須符合剩餘麵糰或麵糊或餡料不大於規定 10%（≦ 10%）(如試題另有規定者，依試題規定評審）填妥製作報告表後，再按所列配方量實際秤料。

(四) 評審標準：

1. 工作態度與衛生習慣：包括工作態度、衣著與個人衛生、工作檯面與工具清理情形。

項目	說明
工作態度與衛生習慣	※凡有下列各情形之任一小項者扣 6 分，二小項者扣 12 分，依此類推，扣滿 20 分以上，本項以零分計。 (一) 工作態度： 1. 不愛惜原料、用具及機械。 2. 不服從監評人員糾正。 (二) 衛生習慣： 1. 指甲過長、塗指甲油。 2. 戴帶手錶或飾物。 3. 工作前未洗手。 4. 用手擦汗或鼻涕。 5. 未刮鬍子或頭髮過長未梳理整齊。 6. 工作場所內抽煙、吃零食、嚼檳榔、隨地吐痰。 7. 隨地丟廢棄物。 8. 工作前未檢視用具及清洗用具之習慣。 9. 工作後對使用之器具、桌面、機械等清潔不力。 10. 將盛裝原料或產品之容器放在地上。

2. 配方制定：包括配方、計算、原料秤量及製作報告單填寫，需使用公制單位。
3. 操作技術：包括秤料、攪拌、成型、烤焙與裝飾等流程之操作熟練程度。
4. 產品外觀品質：包括造型式樣、體積、表皮質地、顏色、烤焙均勻程度及裝飾等。
5. 產品內部品質：包括內部組織、質地、風味及口感等。
(五)、其他規定，現場說明。
(六)、一般性自備工具參考：計算機（不限機型）、計時器及文具，其他不得攜入試場。

（七）應檢人用試題名稱及說明：

1. 麵包類項：（測驗其中二種產品，時間 5 小時）

編號	試題名稱	說明
A 題	山形白土司	不帶蓋五峰山形白土司
B 題	布丁餡甜麵包	
C 題	橄欖形餐包	
D 題	圓頂葡萄乾土司	葡萄乾加入麵糰內攪拌
E 題	圓頂土司	
F 題	紅豆甜麵包	
G 題	奶酥甜麵包	

2. 西點蛋糕類項：（測驗其中二種產品，時間 4 小時）

編號	試題名稱	說明
A 題	巧克力戚風蛋糕捲	每條長度 30±1 公分
B 題	大理石蛋糕	長條形烤模
C 題	海綿蛋糕	直徑約 8 吋
D 題	香草天使蛋糕	直徑約 8 吋
E 題	蒸烤雞蛋牛奶布丁	
F 題	泡芙（奶油空心餅）	
G 題	檸檬布丁派	

3. 餅乾類項：（測驗其中二種產品，時間 4 小時）

編號	試題名稱	說明
A 題	貓舌小西餅	形狀直徑約 4 公分
B 題	葡萄乾燕麥小西餅	
C 題	調味小餅乾	1. 膨發小形餅乾 2. 調味粉由承辦單位準備
D 題	擠注成型小西餅	擠注數種花樣
E 題	瑪琍餅乾	
F 題	蘇打餅乾	
G 題	椰子餅乾	

抽籤規定：
1. 承辦單位依上述製作十種每類項產品組合籤，由單雙數應檢人員各推介一人代表抽取一支組合籤。
2. 數量籤由每場監評抽出決定，並於應檢人進入考場時公佈。

測驗完畢收回成品時同時需收回試題及製作報告表。

應檢人服裝圖示及說明

基於食品衛生安全及專業形象考量，依規定須穿著制服之職類，未依規定穿著者，不得進場應試，術科成績以不及格論。

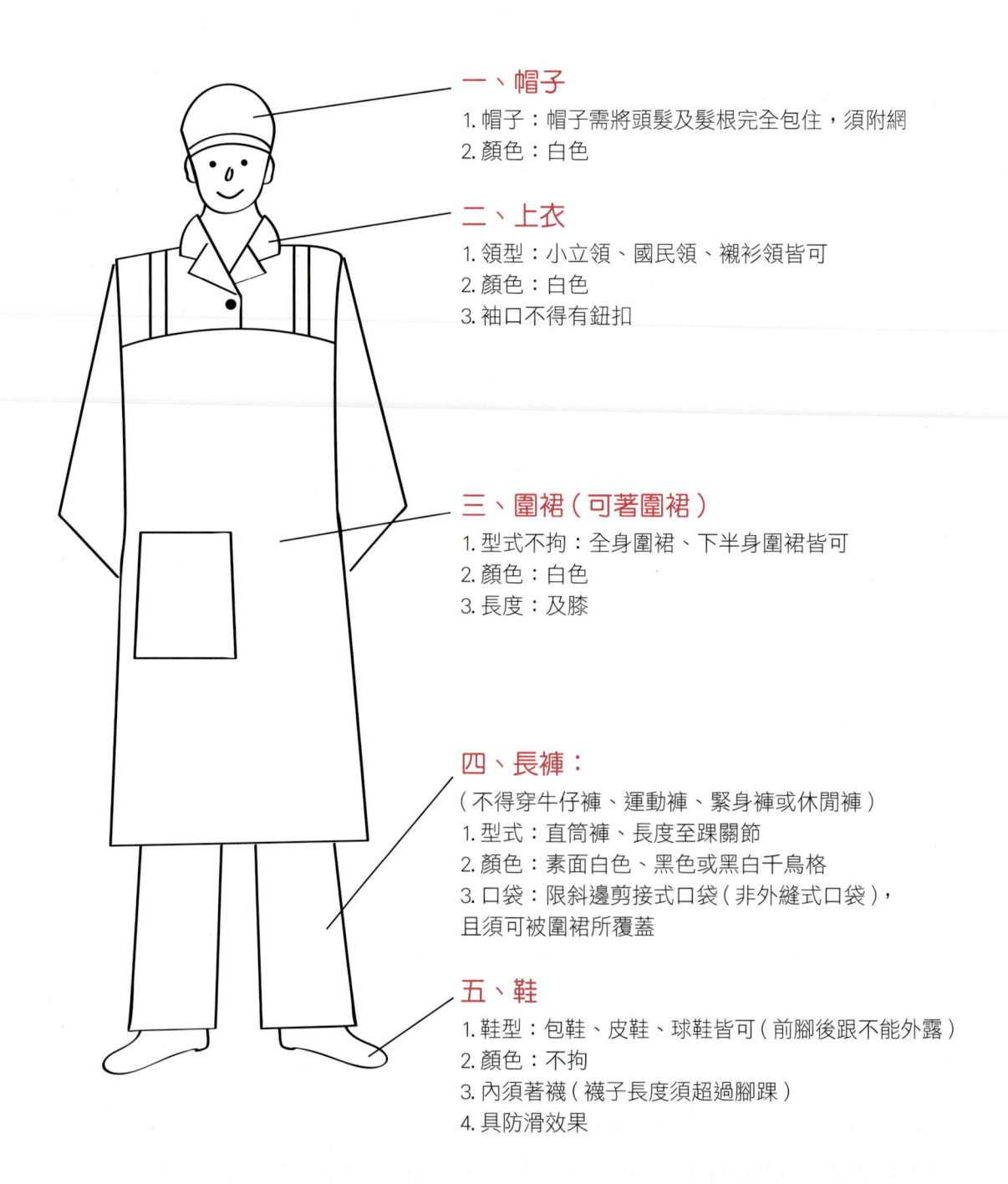

一、帽子
1. 帽子：帽子需將頭髮及髮根完全包住，須附網
2. 顏色：白色

二、上衣
1. 領型：小立領、國民領、襯衫領皆可
2. 顏色：白色
3. 袖口不得有鈕扣

三、圍裙（可著圍裙）
1. 型式不拘：全身圍裙、下半身圍裙皆可
2. 顏色：白色
3. 長度：及膝

四、長褲：
（不得穿牛仔褲、運動褲、緊身褲或休閒褲）
1. 型式：直筒褲、長度至踝關節
2. 顏色：素面白色、黑色或黑白千鳥格
3. 口袋：限斜邊剪接式口袋（非外縫式口袋），且須可被圍裙所覆蓋

五、鞋
1. 鞋型：包鞋、皮鞋、球鞋皆可（前腳後跟不能外露）
2. 顏色：不拘
3. 內須著襪（襪子長度須超過腳踝）
4. 具防滑效果

備註：帽、衣、褲、圍裙等材質須為棉或混紡。

貳、技術士技能檢定烘焙食品丙級術科指定參考配方表

應檢人姓名：_____ 術科測驗號碼：_____

產品名稱		產品名稱		產品名稱	
原料名稱	百分比	原料名稱	百分比	原料名稱	百分比

註：本表由應檢人試前填寫，可攜入考場參考，只准填原料名稱及配方百分比，如夾帶其他資料配方制定該大項以零分計。(不夠填寫，自行影印或至本中心網站首頁-便民服務-表單下載-07700 烘焙食品配方表區下載使用，可用電腦打字，但不得使用其他格式之配方表)

參、技術士技能檢定烘焙食品丙級術科測試製作報告表

　　應檢人姓名：_____ 術科測驗號碼：_____

（一）試題名稱：

（二）製作報告表

原料名稱	百分比	重量（公克）	製作程序及條件

肆、以零分計情形種類表

項目	以零分計情形
1	檢定時間依試題而定，超過時限未完成者。
2	每種產品製作以一次為原則，未經監評人員同意而重作者。
3	成品形狀或數量或其他與題意（含特別規定）不符者（如試題另有規定者，依試題規定評審）。
4	成品尺寸（須個別測量並記錄）與題意不合者（如試題另有規定者，依試題規定評審）。
5	剩餘麵糰或麵糊或餡料超過規定10%（＞10%）者，（如試題另有規定者，依試題規定評審）。
6	成品烤焙不熟、烤焙焦黑或不成型等不具商品價值者。
7	成品不良率超過20%（＞20%）(試題另有規定者，依試題規定評審)。
8	使用別人機具或設備者。
9	經三位監評人員鑑定為嚴重過失者，譬如工作完畢未清潔歸位者
10	每種產品評審項目分：工作態度及衛生習慣、配方制定、操作技術、產品外觀品質及產品內部品質等五大項目，其中任何一大項目成績被評定為零分者。

[備註] 有關上述第2項未經監評人員同意而重作者，如試場準備材料錯誤或機具故障、損壞時，需事先提出，並經監評人員確認同意重作，如在事後提出者，則不予以採納）

伍、技術士技能檢定烘焙食品丙級術科測試時間配當表

每一檢定場，每日排定A、B兩組，兩組進場時間程序表如下：

麵包

時間	內容	備註
7：30前，A組應檢人更衣、完成報到		
07：30－08：00	1. 監評前協調會議（含監評檢查機具設備及材料）。 2. 場地設備及材料等作業說明(7：30－7：40完成)。 3. 應檢人推派或監評長指定一人抽題(07：45)及測試應注意事項說明。	
08：00－13：00	A組應檢人測試（測試時間5小時，含填寫製作報告書、清點工具及材料、成品製作及繳交）	測試時間結束前1小時(12：00－13：00)與B組應檢人共用崗位
13：00－13：30	監評對A組成品評分	所有監評人員不得同時評分
11：30前，B組應檢人更衣、完成報到		
11：30－12：00	1. 場地設備及材料等作業說明(11：30－11：40完成)。 2. B組應檢人推派或監評長指定一人抽題(11：45)及測試應注意事項說明。	
12：00－17：00	B組應檢人測試（測試時間5小時，含填寫製作報告書、清點工具及材料、成品製作及繳交）	測試時間開始第1小時(12：00－13：00)與A組應檢人共用崗位
17：00－17：30	監評對B組成品評分	
17：30－18：00	檢討會（監評人員及術科測試辦理單位視需要召開）	

備註：依時間配當表準時辦理抽籤，並依抽籤結果進行測試，遲到者或缺席者不得有異議。

伍、技術士技能檢定烘焙食品丙級術科測試時間配當表

每一檢定場,每日排定 A、B 兩組,兩組進場時間程序表如下:

西點蛋糕

時間	內容	備註
07:30 之前,上午場應檢人更衣、完成報到		
07:30－08:00	1. 監評前協調會議(含監評檢查機具設備及材料)。 2. 場地設備及材料等作業說明(7:30－7:40 完成)。 3. 應檢人推派或監評長指定一人抽題(07:45)及測試應注意事項說明。"	
08:00－12:00	應檢人測試(測試時間 4 小時,含填寫製作報告書、清點工具及材料、成品製作及繳交)	
12:00－12:30	1. 監評人員成品評分。 2. 下午場應檢人更衣、完成報到。 3. 監評人員休息用膳時間。	
12:30－13:00	1. 場地設備及材料等作業說明(12:30－12:40 完成)。 2. 應檢人推派或監評長指定一人抽題(12:45)及測試應注意事項說明。	
13:00－17:00	應檢人測試(測試時間 4 小時,含填寫製作報告書、清點工具及材料、成品製作及繳交)	
17:00－17:30	監評人員成品評分	
17:30－18:00	檢討會(監評人員及術科測試辦理單位視需要召開)	

備註:
依時間配當表準時辦理抽籤,並依抽籤結果進行測試,遲到者或缺席者不得有異議。

伍、技術士技能檢定烘焙食品丙級術科測試時間配當表

每一檢定場，每日排定 A、B 兩組，兩組進場時間程序表如下：

西點蛋糕／麵包

時間	內容	備註
07：30 前，A 組（西點蛋糕）應檢人更衣、完成報到		
07：30 － 08：00	1. 監評前協調會議（含監評檢查機具設備及材料）。 2. 場地設備及材料等作業說明（7：30 － 7：40 完成）。 3. A 組應檢人推派或監評長指定一人抽題(07：45)及測試應注意事項說明。	
08：00 － 12：00	A 組應檢人測試（測試時間 4 小時，含填寫製作報告書、清點工具及材料、成品製作及繳交）	
12：00 － 12：30	監評人員成品評分	所有監評人員不得同時評分
12：00 前，B 組（麵包）應檢人更衣、完成報到		
12：00 － 12：30	1. 場地設備及材料等作業說明（12：00 － 12：10 完成）。 2. B 組應檢人推派或監評長指定一人抽題(12：15)及測試應注意事項說明。	
12：30 － 17：30	B 組應檢人測試（測試時間 5 小時，含填寫製作報告書、清點工具及材料、成品製作及繳交）	
17：30 － 18：00	監評人員成品評分	
18：00 － 18：30	檢討會（監評人員及術科測試辦理單位視需要召開）	

備註：

一、只有該類項只剩下單一場次時，始得與不同類項於同一日測試。

二、依時間配當表準時辦理抽籤，並依抽籤結果進行測試，遲到者或缺席者不得有異議。

三、不得自行提前測試，且 A 組應檢人全數離場後，B 組應檢人始得進場測試。

伍、技術士技能檢定烘焙食品丙級術科測試時間配當表

每一檢定場，每日排定 A、B 兩組，兩組進場時間程序表如下：

餅乾

時間	內容	備註
07：30 之前，上午場應檢人更衣、完成報到		
07：30 － 08：00	1. 監評前協調會議（含監評檢查機具設備及材料）。 2. 場地設備及材料等作業說明（7：30 － 7：40 完成）。 3. 應檢人推派或監評長指定一人抽題(07：45)及測試應注意事項說明。	
08：00 － 12：00	應檢人測試（測試時間 4 小時，含填寫製作報告書、清點工具及材料、成品製作及繳交）	
12：00 － 12：30	1. 監評人員成品評分。 2. 下午場應檢人更衣、完成報到。 3. 監評人員休息用膳時間。	
12：30 － 13：00	1. 場地設備及材料等作業說明（12：30 － 12：40 完成）。 2. 應檢人推派或監評長指定一人抽題(12：45)及測試應注意事項說明。	
13：00 － 17：00	應檢人測試（測試時間 4 小時，含填寫製作報告書、清點工具及材料、成品製作及繳交）	
17：00 － 17：30	監評人員成品評分	
17：30 － 18：00	檢討會（監評人員及術科測試辦理單位視需要召開）	

備註：
依時間配當表準時辦理抽籤，並依抽籤結果進行測試，遲到者或缺席者不得有異議。

伍、技術士技能檢定烘焙食品丙級術科測試時間配當表

每一檢定場,每日排定 A、B 兩組,兩組進場時間程序表如下:

餅乾/麵包

時間	內容	備註
7:30 前,A 組(餅乾)應檢人更衣、完成報到		
07:30－08:00	1. 監評前協調會議(含監評檢查機具設備及材料)。 2. 場地設備及材料等作業說明(7:30－7:40 完成)。 3. A 組應檢人推派或監評長指定一人抽題(07:45)及測試應注意事項說明。	
08:00－12:00	A 組應檢人測試(測試時間 4 小時,含填寫製作報告書、清點工具及材料、成品製作及繳交)	
12:00－12:30	監評人員成品評分	所有監評人員不得同時評分
12:00 前,B 組(麵包)應檢人更衣、完成報到		
12:00－12:30	1. 場地設備及材料等作業說明(12:00－12::10 完成)。 2. B 組應檢人推派或監評長指定一人抽題(12:15)及測試應注意事項說明。	
12:30－17:30	B 組應檢人測試(測試時間 5 小時,含填寫製作報告書、清點工具及材料、成品製作及繳交)	
17:30－18:00	監評人員成品評分	
18:00－18:30	檢討會(監評人員及術科測試辦理單位視需要召開)	

備註:
一、只有該類項只剩下單一場次時,始得與不同類項於同一日測試。
二、依時間配當表準時辦理抽籤,並依抽籤結果進行測試,遲到者或缺席者不得有異議。
三、不得自行提前測試,且 A 組應檢人全數離場後,B 組應檢人始得進場測試。

原料表 Ingredient

- 高筋麵粉 
- 中筋麵粉 
- 低筋麵粉 
- 玉米粉 
- 奶粉 
- 泡打粉 
- 塔塔粉 
- 小蘇打粉 
- 碳酸氫銨 
- 糖粉 
- 細砂糖 
- 紅糖 
- 香草粉 
- 鹽 
- 即溶酵母

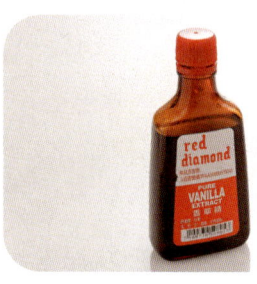

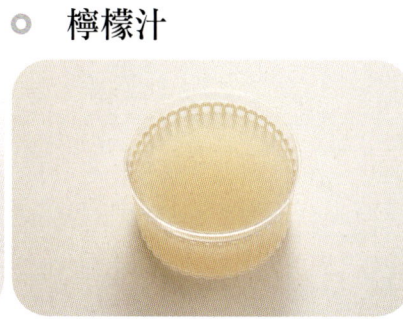

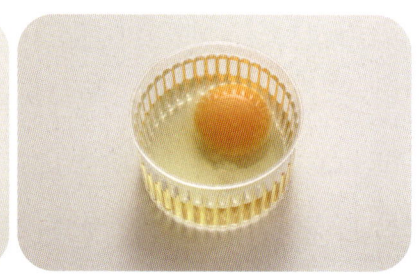

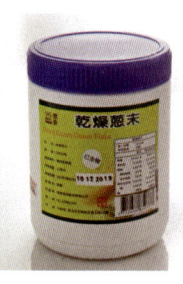

白油	奶油	沙拉油
牛奶	糖漿(果糖)	煉乳
乳酪粉	椰子粉	可可粉
香草精	檸檬汁	雞蛋
葡萄乾	燕麥片	乾燥蔥末

器材表 Equipment

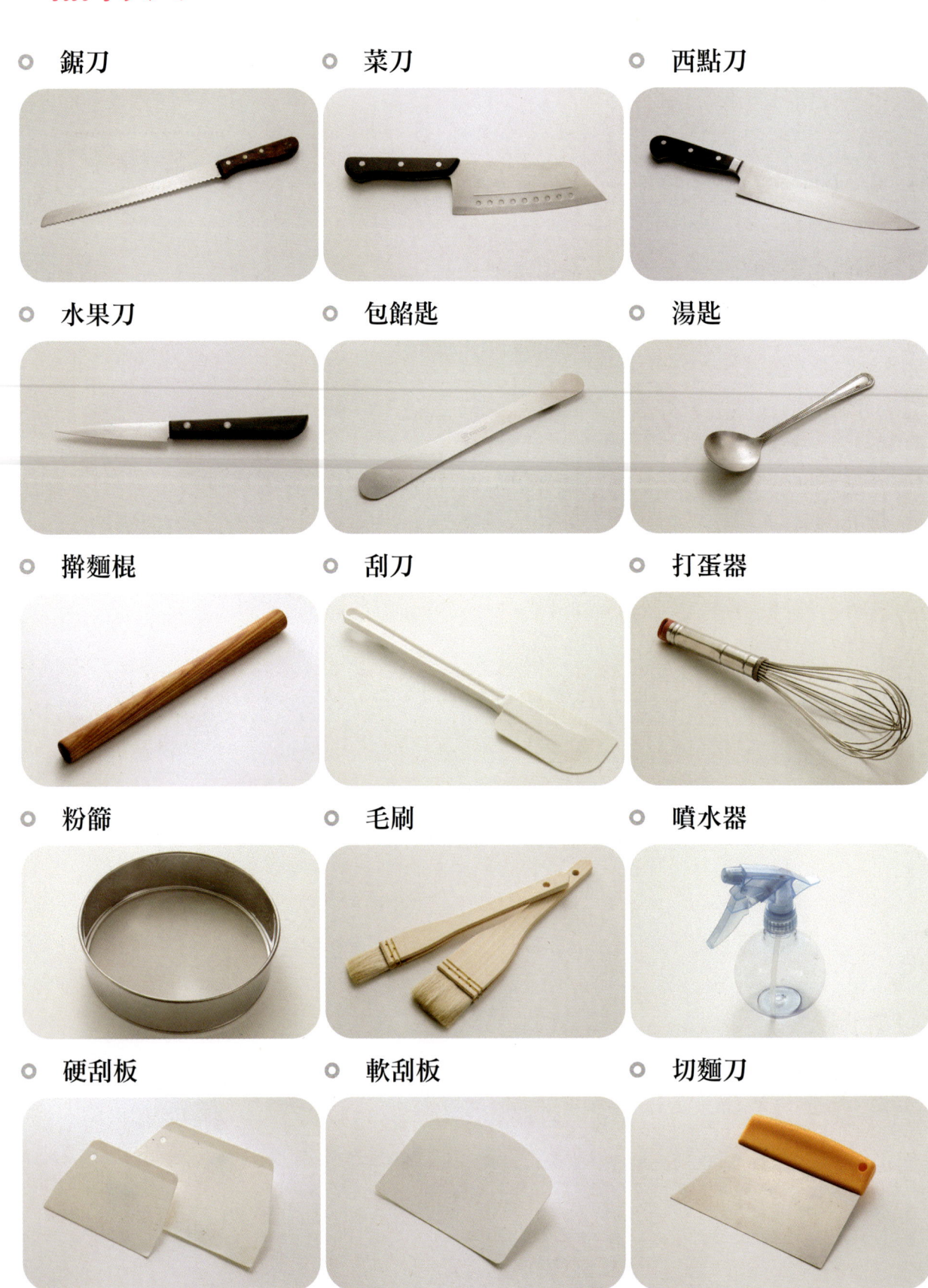

- 鋸刀
- 菜刀
- 西點刀
- 水果刀
- 包餡匙
- 湯匙
- 擀麵棍
- 刮刀
- 打蛋器
- 粉篩
- 毛刷
- 噴水器
- 硬刮板
- 軟刮板
- 切麵刀

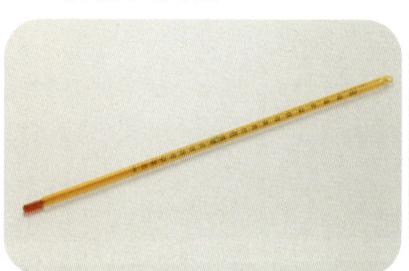

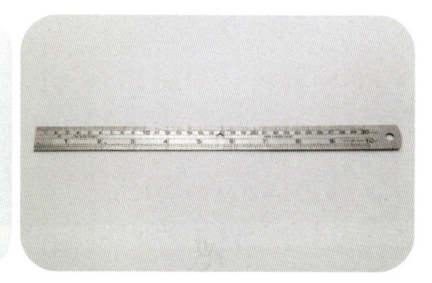

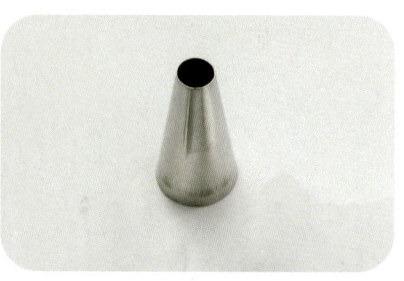

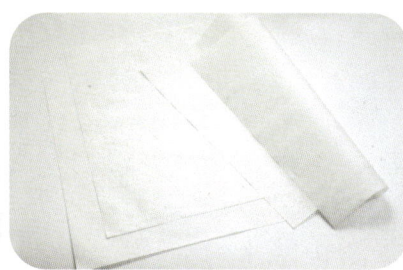

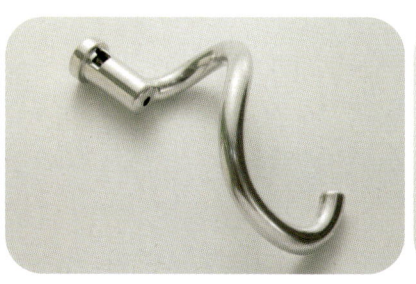

○ 砧板	○ 量杯	○ 電子秤
○ 酒精溫度計	○ 計時器	○ 尺
○ 擠花袋	○ 塑膠擠花袋	○ 平口花嘴
○ 尖齒花嘴	○ 烤焙紙	○ 白報紙
○ 槳狀拌打器	○ 勾狀拌打器	○ 球狀拌打器

模具表 Mould

- SN2022，900g 土司盒

  山形白土司

- SN5044，8 吋固定蛋糕模

  海綿蛋糕

- SN2052，450g 土司盒

  圓頂葡萄乾土司、圓頂奶油土司

- SN5046，8 吋活動蛋糕模

  海綿蛋糕

- SN2151，土司盒

  大理石蛋糕

- SN6834，8 吋空心圓模

  空心天使蛋糕

- SN6014，布丁杯模
  - 蒸烤雞蛋牛奶布丁

- SN3855，餅乾切模 - 圓型
  - 瑪琍牛奶餅乾

- SN5415，7吋派盤
  - 檸檬布丁派

- SN3857，餅乾切模 - 正方型
  - 蘇打餅乾

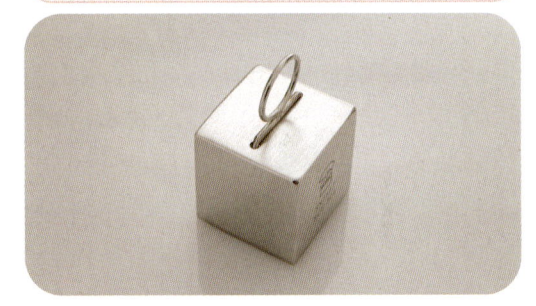

- 3×3 公分方型模
  - 調味小餅乾

- SN3856，餅乾切模 - 長方型
  - 椰子餅乾

測試產品組合表
Combination

麵包類

題組 ❶
- 山形白土司 A(P.030) 
- 奶酥甜麵包 G(P.068)

題組 ❷
- 布丁餡甜麵包 B(P.036) 
- 圓頂葡萄乾土司 D(P.050)

題組 ❸
- 布丁餡甜麵包 B(P.036) 
- 圓頂土司 E(P.056)

題組 ❹
- 山形白土司 A(P.030) 
- 紅豆甜麵包 F(P.062)

題組 ❺

圓頂葡萄乾土司
D(P.050)

奶酥甜麵包
G(P.068)

題組 ❻

圓頂土司
E(P.056)

紅豆甜麵包
F(P.062)

題組 ❼

橄欖形餐包
C(P.044)

圓頂葡萄乾土司
D(P.050)

西點蛋糕類

題組 ❶
- 巧克力戚風蛋糕捲 A(P.076) 
- 泡芙（奶油空心餅） F(P.102)

題組 ❷
- 海綿蛋糕 C(P.088) 
- 泡芙（奶油空心餅） F(P.102)

題組 ❸
- 香草天使蛋糕 D(P.094) 
- 蒸烤雞蛋牛奶布丁 E(P.098)

題組 ❹
- 巧克力戚風蛋糕捲 A(P.076) 
- 檸檬布丁派 G(P.108)

題組 ❺

| 大理石蛋糕 **B(P.082)** | 蒸烤雞蛋牛奶布丁 **E(P.098)** |

題組 ❻

| 海綿蛋糕 **C(P.088)** | 檸檬布丁派 **G(P.108)** |

題組 ❼

| 香草天使蛋糕 **D(P.094)** | 泡芙（奶油空心餅） **F(P.102)** |

餅乾類

題組 ❶
- 貓舌小西餅 A(P.116)
- 調味小餅乾 C(P.124)

題組 ❷
- 葡萄乾燕麥小西餅 B(P.120)
- 瑪琍餅乾 E(P.132)

題組 ❸
- 擠注成型小西餅 D(P.128)
- 蘇打餅乾 F(P.136)

題組 ❹
- 貓舌小西餅 A(P.116)
- 椰子餅乾 G(P.140)

題組 ❺

擠注成型小西餅
D(P.128)

瑪琍餅乾
E(P.132)

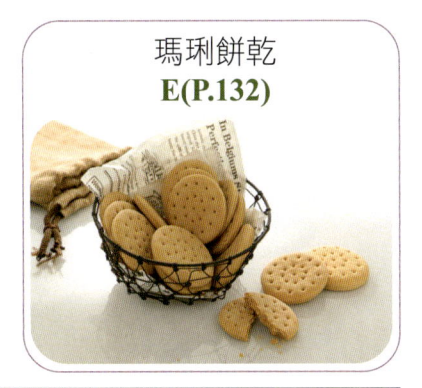

題組 ❻

貓舌小西餅
A(P.116)

蘇打餅乾
F(P.136)

題組 ❼

葡萄乾燕麥小西餅
B(P.120)

椰子餅乾
G(P.140)

麵包 Bread

麵包題組小叮嚀

無論抽到哪一個題組，都請先製作土司類產品，以利有效控制應考時間，才不會和麵包撞爐。

- A 山形白土司
- B 布丁餡甜麵包
- C 橄欖形餐包
- D 圓頂葡萄乾土司
- E 圓頂土司
- F 紅豆甜麵包
- G 奶酥甜麵包

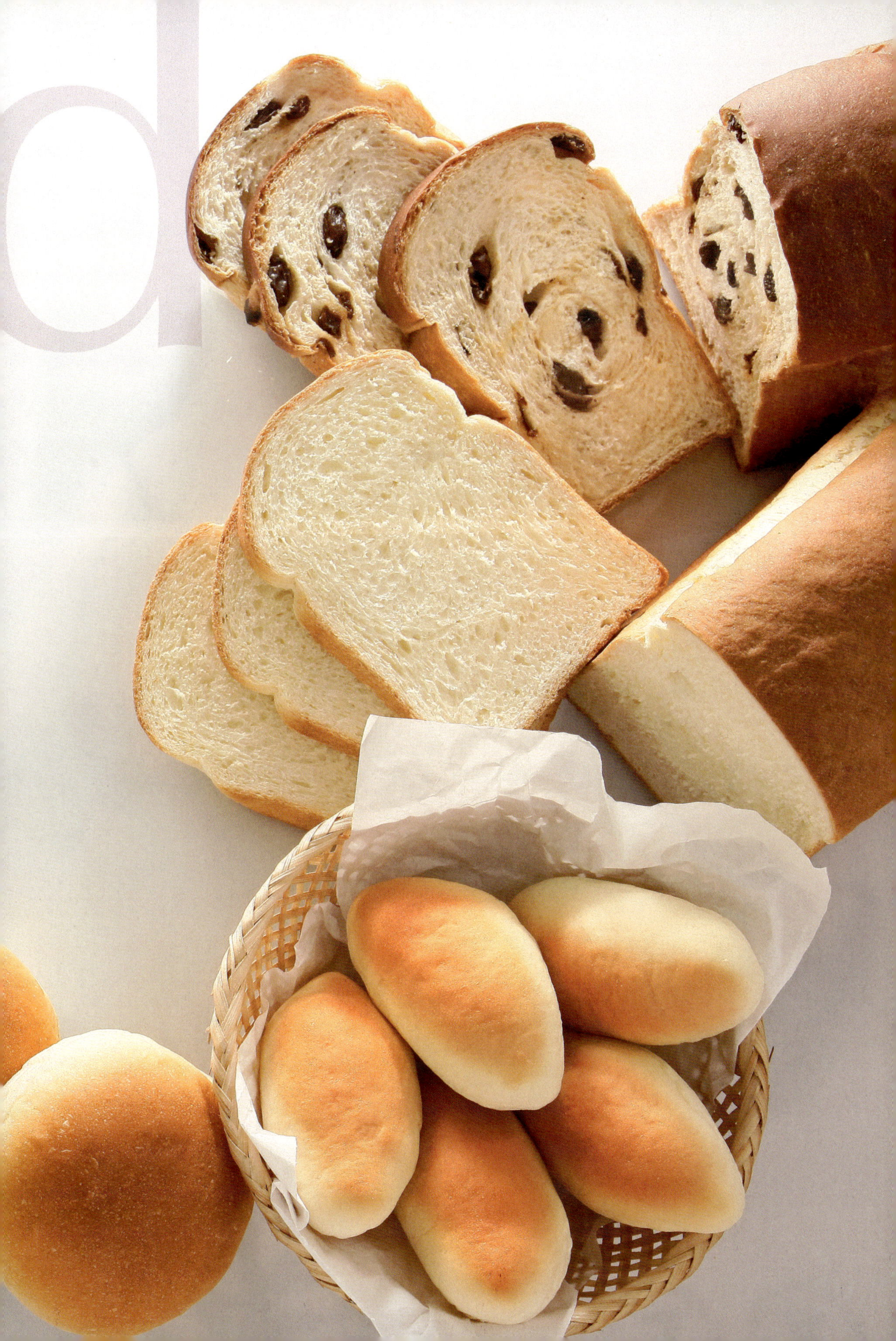

A 山形白土司 (077-900301A)

試題
製作每條麵糰 900 公克，不帶蓋五峰山形白土司 3 條（油脂：糖：麵粉 ＝ 5：5：100）
製作每條麵糰 900 公克，不帶蓋五峰山形白土司 3 條（油脂：糖：麵粉 ＝ 7：7：100）
製作每條麵糰 900 公克，不帶蓋五峰山形白土司 3 條（油脂：糖：麵粉 ＝ 9：9：100）

特別規定

① 測試前監評人員應量測模具容積（毫升）依比容積（烤模體積／麵糰重）4.5±0.1 之比例確認麵糰重量。如需調整麵糰重量，每條麵糰量可調整 ±50 公克。並記錄於術科測試監評人員監評前協調會議紀錄上。

② 監評人員須抽測應檢人分割麵糰重量並記錄之。

③ 有下列情形之一者，以不良品計：成品二峰（含）高度未超過模具高度，或底部中空深度大於 3 公分，或腰側小於模具寬度 80%，或表面裂開 10%（含）以上，或高低峰相差 3 公分（含）以上。

題型分析

※ 依據專業性應檢須知 - 第二條 - 第 3 項的規定：請詳見 P.07

◆ 製作每個麵糰重 900 公克，計算材料秤量容差，要算入損耗 5%。

麵包 A — 山形白土司

使用材料表

項目	材料名稱	規格
1	麵粉	高筋、低筋
2	碎冰	
3	糖	細砂糖、糖粉
4	油脂	烤酥油、人造奶油或奶油 ※◎烤酥油（全素用）
5	奶粉	全脂或脫脂
6	酵母	新鮮酵母或即發酵母粉
7	乳化劑	麵包專用
8	改良劑	
9	鹽	精鹽
10	◎豆漿粉	無糖、全豆磨製成漿煮沸再乾燥（全素用）

備註：標示 ※ 為蛋奶素材料　　標示◎為全素材料

烘焙計算

題目	麵糰重量	製作數量	（1－損耗）	總百分比	係數
(1)	900 公克	× 3 條	÷ (1－5%)	÷ 177	= 16.1
(2)	900 公克	× 3 條	÷ (1－5%)	÷ 181	= 15.7
(3)	900 公克	× 3 條	÷ (1－5%)	÷ 185	= 15.4

配方 & 百分比

分類	原料名稱	百分比 (%)	3 條 (g)	3 條 (g)	3 條 (g)
	係數		16.1	15.7	15.4
1	高筋麵粉	100	1610	1570	1540
1	細砂糖	5/7/9	81	110	139
1	鹽	1.5	24	24	23
1	奶粉	4	64	63	62
2	水	60	966	942	924
2	即溶酵母	1.5	24	24	23
3	奶油（或烤酥油）	5/7/9	81	110	139
	合計	177/181/185	2850	2843	2850

技術士技能檢定烘焙食品丙級術科測試製作報告表

應檢人姓名：＿＿＿＿＿＿＿＿術科測驗號碼：＿＿＿＿＿＿＿（在術科測驗通知單上）

（一）試題名稱：不帶蓋五峰山形白土司 3 條，每條麵糰 900 公克，
油脂：糖：麵粉＝ 5：5：100

（二）製作報告表

	原料名稱	百分比	重量（公克）	製作程序及條件
1	高筋麵粉	100	1610	1. 清洗用具、秤料、烤箱預熱，上火 160/下火 210℃。
	細砂糖	5	81	2. 高筋麵粉、細砂糖、鹽、奶粉放入攪拌缸。
	鹽	1.5	24	3. 水、即溶酵母攪拌均勻，加入攪拌缸。
	奶粉	4	64	4. 勾狀，慢速 2 分鐘拾起階段；中速 5 分鐘捲起階段。
2	水	60	966	5. 加入白油，慢速 1 分鐘，中速 10 分鐘完成階段。
	即溶酵母	1.5	24	6. 麵糰溫度 28℃，發酵箱溫度 28℃、溼度 75%，基礎發酵 60 分鐘。
3	奶油（或烤酥油）	5	81	7. 分割每個麵糰 180 公克共 15 個，滾圓，中間發酵 15 分鐘。（請監評確認重量）（每條土司分割 5 個麵糰、3 條共 15 個）。
	合計	177	2850	8. 整型、擀捲、入模。
				9. 最後發酵：溫度 38℃、溼度 85%，發酵至平模。
				10. 入爐：上火 160/下火 210℃，烤焙 25 分鐘調頭，續烤 10～15 分鐘，總共烤 40 分鐘，出爐。
				11. 脫模，放涼，完成。

製作流程

*清洗用具、秤料、烤箱預熱，上火 160/ 下火 210℃。

麵糰攪拌 (直接法)

1 高筋麵粉、細砂糖、鹽、奶粉放入攪拌缸中。

2 水、即溶酵母攪拌均勻。

3 酵母水加入攪拌缸中。

4 勾狀拌打器，慢速攪拌 2 分鐘，「拾起」階段。

5 轉中速攪拌 5 分鐘，「捲起」階段。

6 加入白油，慢速 1 分鐘攪拌均勻。

7 轉中速攪拌 10 分鐘，「完成」階段。

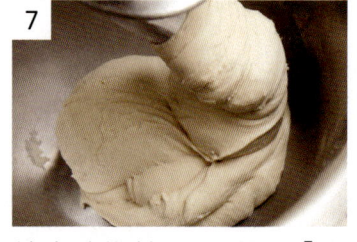

8 可以拉出薄膜狀。

9 麵糰取出，滾圓後置於烤盤上。

分割麵糰

10 基礎發酵

量麵糰溫度 28℃，
發酵箱溫度 28℃、
溼度 75%，
發酵 60 分鐘。

11 手指在麵糰中間戳洞，測試發酵程度。

12 分割麵糰每個 180 公克，共 15 個，滾圓。

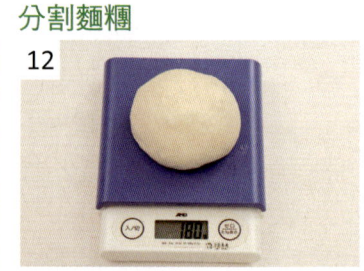

請監評抽查重量

整型麵糰

中間發酵

13 排放置於烤盤上，進行中間發酵 15 分鐘。

14 發酵完成。

15 麵糰先往自己的方向收緊，成長條形。

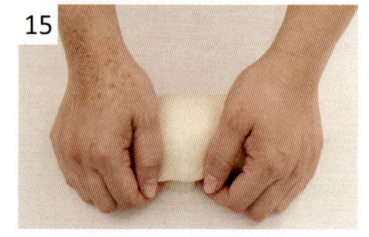

32

麵包 A — 山形白土司

16 轉直，輕拍掉空氣。

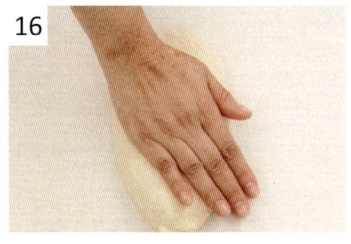

17 擀開。

18 擀長約 35 公分。

19 麵糰寬度同模具的短邊。

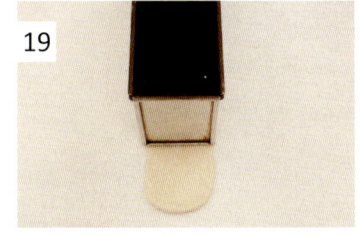

20 翻面，將尾端壓扁固定。

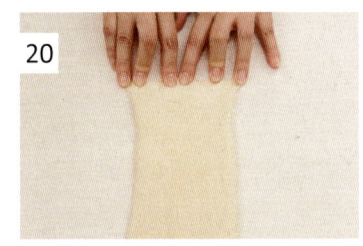

21 長度 35 公分。

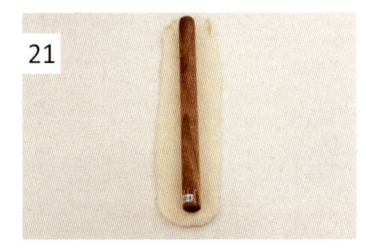

22 由上往下捲起。

23 前兩圈要向下壓實。

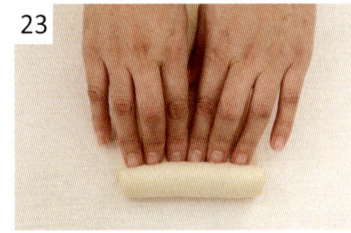

24 再輕輕捲起。

25 記得不要捲太緊。

26 收口收緊。

27 側邊收口收緊。

入　模

28 擀捲好的麵糰，按照順序放入模具，先放正中間。

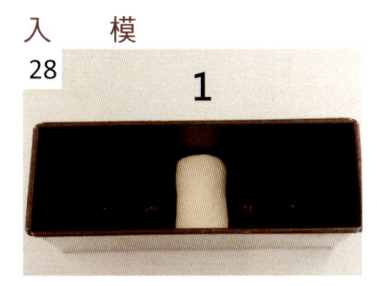

29 再放左右兩側。

30 接著再放入剩下兩個。

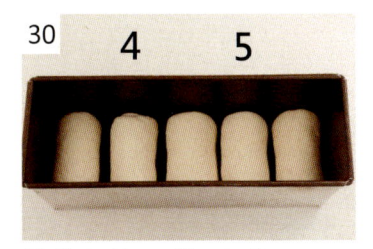

33

最後發酵

31

發酵箱溫度 38℃、溼度 85%，發酵 60 分鐘。

32

發酵至麵糰平烤模。

33 **入爐、出爐**

入爐，上火 160/ 下火 210℃，25 分鐘調頭，續烤 10～15 分鐘，總共烤 40 分鐘，出爐。

出爐後，輕敲脫模，待涼即完成。

小叮嚀

① 麵糰基本發酵狀態，可用手指沾手粉戳入麵糰中測試，如果不回縮就是發酵完成。

② 山形白土司麵糰的分割數量為，一條土司放入 5 個麵糰，製作 4 條的需分割 20 個，製作 3 條的需分割 15 個，製作 2 條的需分割 10 個。

③ 麵糰分割好時，須請監評抽測分割麵糰重量。

④ 麵糰擺放烤盤的擺法：

15 個：放一盤 15 個即可。

⑤ 整型時不要用力擀捲，會導致發酵時和烘烤時容易表皮破裂。

⑥ 整型好麵糰要收口朝下放入模具中。

⑦ 放入的順序建議從左數到右邊是 2、4、1、5、3，按照順序放入才不易放的不均勻，放不平均易導致發酵出的土司五峰高矮不一。

⑧ 最後發酵至平模即可，要注意每個高度要一致，如有太發的可用手沾手粉插入較高峰放氣變矮。

⑨ 發酵後如表面有氣泡，可以用竹籤、叉子或刀子輕輕挑掉，要注意不要太用力以免空氣散失，麵糰整個垮掉。

⑩ 烘烤中，調頭的時候要注意表面是否太上色，如太上色可以蓋上白報紙避免顏太焦黑。

評分標準

一、工作態度與衛生習慣(20分)※請參考P.07之說明

二、配方制定(10分)※請參考P.07之說明

1. 未填寫百分比、重量或製作程序者，本項以零分計。
2. 凡有下列各項情形之任一項者扣5分：
   (1) 未使用公制、(2) 原料不在規定範圍內、(3) 稱量不合規定、(4) 未列麵糰溫度。

三、操作技術(20分)

1. 動作純熟度佔10分。
2. 如有下列情形者每一項扣3分：
   (1) 攪拌時未停機變速、(2) 分割、整型時麵糰雜亂排放、(3) 未量測攪拌後之麵糰溫度、(4) 中間發酵麵糰有乾皮現象者。

四、產品外觀品質(30分)

1. 有以下情形之一者，本項不予計分：
   (1) 成品三峰(含)高度未超過模具高度、(2) 成品底部中空深度大於3公分、(3) 腰側小於模具寬度80%、(4) 表面裂開10%以上、(5) 高低峰相差3公分以上。
2. 形狀(8分)，五峰每峰需高出烤模，如有下列情形各扣3分：
   (1) 頂部高低不平整、(2) 頂部不平整、(3) 側面不平整。
3. 體積(8分)，產品高度須超過烤模以上。
4. 顏色(7分)，表皮質地以薄而軟為宜，如有下列情形者各扣3分：
   (1) 顏色過深或過淺扣3分。
5. 質地(7分)，宜均勻咖啡色，如有下列情形者各扣3分：
   (1) 表皮太厚、(2) 表皮太硬、(3) 表皮不平滑。

五、產品內部品質(20分)

1. 組織(5分)，應細膩柔軟，孔洞成蜂巢狀而均勻，如有下列情形者各扣3分：
   (1) 堅實韌性過強、(2) 組織粗糙、(3) 很多不規則的大孔洞。
2. 顏色(5分)，應呈現乳黃色並具有光澤，如有下列情形者扣3分：
   (1) 呈暗灰色扣3分、(2) 不均勻色澤及含生粉扣3分。
3. 口感(5分)，應清爽可口不黏牙，鹹甜適中，有下列情形者扣分：
   (1) 乾硬口感不好扣3分、(2) 鹹甜味道不宜扣3分、(3) 烤焙不足黏牙，本口感項以零分計。
4. 風味(5分)，應具發酵麥香味，無異味，如有下列情形者扣分：
   (1) 具有發酵過度酸味扣3分、(2) 無本類麵包應具有風味扣3分、(3) 烤焙不足具有生麵糰味者，本風味品項以零分計。

B 布丁餡甜麵包 (077-900301B)

試題 製作每個麵糰 60 公克，布丁餡 30 公克圓形甜麵包 (1)18 個 (2)20 個 (3)22 個。

特別規定

① 布丁餡由應檢人自製。
② 監評人員須測量應檢人包餡後麵糰重量 (90±2 公克) 並記錄之，否則以不良品計。
③ 餡料不得於包餡前先行分割，需待包餡時使用包餡匙取餡包入，否則以零分計。
④ 布丁餡不凝固或有焦黑顆粒或結顆粒或堅硬如羊羹者，以零分計。
⑤ 成品直徑應為 9.5 公分 (含) 以上，高度 5 公分 (含) 以上，否則以不良品計。
⑥ 內餡外溢 (即底部或表面可看到內餡) 數量超過 20% (> 20%) 者，以零分計。

題型分析

※ 依據專業性應檢須知 - 第二條 - 第 3 項的規定：請詳見 P.07。

◆ 製作每個麵糰重 60 公克，計算材料秤量容差，要算入損耗 5%。

使用材料表

項目	材料名稱	規　　　　格
1	麵粉	高筋、低筋
2	糖	細砂糖、糖粉
3	碎冰	
4	雞蛋	洗選蛋或液體蛋
5	油脂	烤酥油、人造奶油或奶油 ※◎烤酥油(全素)
6	奶粉	全脂或脫脂
7	酵母	新鮮酵母、即發酵母粉

項目	材料名稱	規　　　　格
8	乳化劑	麵包專用
9	改良劑	
10	鹽	精鹽
11	玉米澱粉	
12	◎馬鈴薯澱粉	
13	◎豆漿粉	無糖、全豆磨製成漿煮沸再乾燥)(全素用)
14	◎椰漿	椰漿(罐頭)

備註：標示 ※ 為蛋奶素材料　標示◎為全素材料

烘焙計算

題目	麵糰重量		製作數量		(1－損耗)		總百分比		係數
(1)		×	18 個	÷		÷		=	5.8
(2)	60 公克		20 個		(1－5%)		197		6.4
(3)			22 個						7.1

布丁餡料重量 = 數量 ×30 公克

題目	麵糰重量		製作數量		(1－損耗)		總百分比		係數
(1)		×	18 個	÷		÷		=	3.5
(2)	30 公克		20 個		(1－10%)		169.5		3.9
(3)			22 個						4.3

配方 & 百分比

分類	原料名稱	百分比 (%)	18 個 (g)	20 個 (g)	22 個 (g)
	係數		5.8	6.4	7.1
1	高筋麵粉	80	464	512	568
	低筋麵粉	20	116	128	142
	細砂糖	22	128	141	156
	鹽	1.5	9	10	11
	奶粉	4	23	26	28
2	水	48	278	307	341
	雞蛋	10	58	64	71
	即溶酵母	1.5	9	10	11
3	奶油	10	58	64	71
	合計	197	1143	1261	1399

	布丁餡	百分比 (%)	18 個 (g)	20 個 (g)	22 個 (g)
	係數		3.5	3.9	4.3
4	奶粉	10	35	39	43
	水	90	315	351	387
	細砂糖	28	98	109	120
	鹽	0.5	5	6	6
	玉米粉	15	53	59	65
	雞蛋	20	70	78	86
	奶油	5	18	20	22
	合計	169.5	593	661	729

技術士技能檢定烘焙食品丙級術科測試製作報告表

應檢人姓名：＿＿＿＿＿＿　術科測驗號碼：＿＿＿＿＿＿（在術科測驗通知單上）

(一) 試題名稱：布丁餡甜麵包 20 個，每個麵糰 60 公克，每個布丁餡 30 公克

(二) 製作報告表

	原料名稱	百分比	重量(公克)	製作程序及條件
1	高筋麵粉	80	512	※ 烘焙計算請參考 P.037。 1. 清洗用具、秤料、烤箱預熱，上火 200/下火 190℃。 2. 高筋麵粉、低筋麵粉、細砂糖、鹽、奶粉放入攪拌缸。 3. 水、蛋、即溶酵母攪拌均勻，加入攪拌缸。 4. 勾狀，慢速 2 分鐘拾起階段；中速 5 分鐘捲起階段。 5. 加入奶油，慢速 1 分鐘，中速 8 分鐘完成階段。 6. 麵糰溫度 28℃，發酵箱溫度 28℃、溼度 75%，基礎發酵 60 分鐘。 7. 分割每個麵糰 60 公克共 20 個，滾圓，中間發酵 15 分鐘。(請監評確認重量) 布丁餡製作 1. 奶粉、水、細砂糖、鹽加熱至糖融化約 60℃。 2. 玉米粉、雞蛋攪勻，分次倒入熱牛奶攪勻。 3. 上爐煮熟，熄火，加入奶油拌勻，貼保鮮膜放涼備用。 8. 包入布丁餡每個 30 公克，整型，放上烤盤。(請監評確認重量) 9. 最後發酵：溫度 38℃、溼度 85%，發酵 60 分鐘，底部直徑約 9 公分。 10. 入爐：上火 200/下火 190℃，烤焙 12 分鐘調頭，續烤 5 分鐘出爐，完成。
	低筋麵粉	20	128	
	細砂糖	22	141	
	鹽	1.5	10	
	奶粉	4	26	
2	水	48	307	
	雞蛋	10	64	
	即溶酵母	1.5	10	
3	奶油	10	64	
	合計	197	1261	
4	奶粉	10	39	
	水	90	351	
	細砂糖	28	109	
	鹽	0.5	6	
	玉米粉	15	59	
	雞蛋	20	78	
	奶油	5	20	
	合計	169.5	661	

麵包 B　布丁餡甜麵包

製作流程

＊清洗用具、秤料、烤箱預熱，上火 200/ 下火 190℃。

麵糰攪拌 (直接法)

1 高筋麵粉、低筋麵粉、細砂糖、鹽、奶粉放入攪拌缸。

2 水、蛋、即溶酵母攪拌均勻。

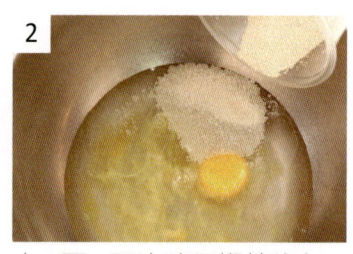

3 酵母蛋水加入攪拌缸中。

4 勾狀拌打器，慢速攪拌 2 分鐘，「拾起」階段。

5 轉中速攪拌 5 分鐘，「捲起」階段。

6 加入奶油，慢速 1 分鐘攪拌均勻。

7 轉中速攪拌 5 分鐘，「擴展」階段。

8 拉薄膜的破裂形狀為邊緣鋸齒狀的圓形。

9 續打 3 分鐘，「完成」階段。

10 可拉出薄膜。

11 基礎發酵
量麵糰溫度 28℃，
發酵箱溫度 28℃、
溼度 75%，
發酵 60 分鐘。

12 手指在麵糰中間戳洞，測試發酵程度。

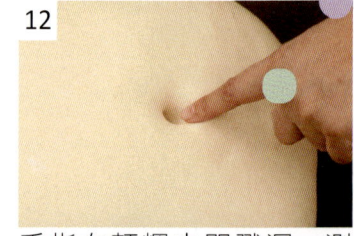

分割麵糰

13 分割麵糰每個 60 公克，共 20 個，滾圓。

請監評抽查重量。

中間發酵

14 排放置於烤盤上，進行中間發酵 15 分鐘。

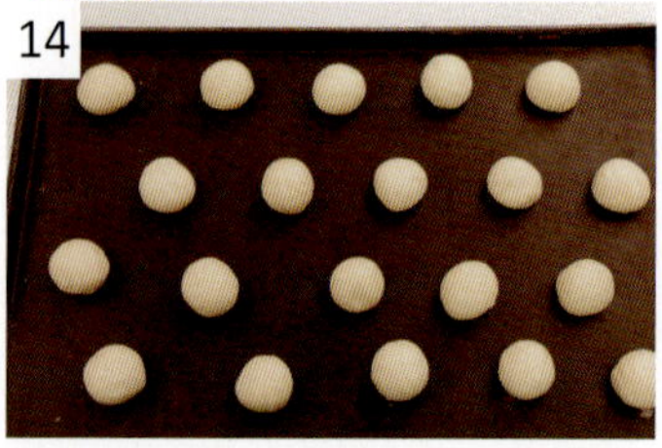

15 發酵完成。

奶油布丁餡

16 牛奶、細砂糖、鹽混合,加熱至糖融化,約 60℃。

17 玉米粉、雞蛋放入鋼盆中。

18 攪拌均勻至無粉粒。

19 沖入熱牛奶。

20 邊加邊攪拌。

21 回爐煮熟至濃稠、起泡。

22 熄火,加入奶油拌勻。

23 使用保鮮膜貼著布丁餡表面備用。

整型麵糰

24 放上秤,扣重備用。

最後發酵

25 取一個麵糰。

26 輕輕拍扁。

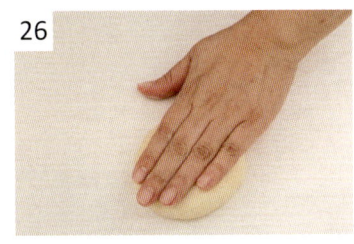

27 擀開。

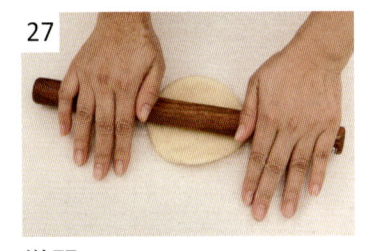

28 布丁餡扣重 30 公克,需使用包餡匙。

29 包入布丁餡。

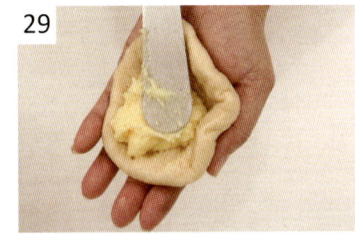

30 慢慢包入,不要露餡。

最後發酵

31　最後將收口捏緊。**請監評抽查重量。**

32　發酵箱溫度 38℃、溼度 85%，發酵 60 分鐘。

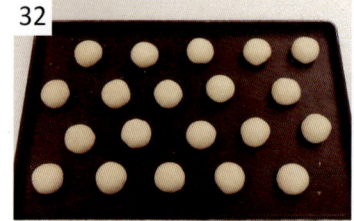

33　發酵完成。

34　底部約 9 公分以上。

入爐、出爐

35　入爐，上火 200/下火 190℃，12 分鐘調頭，續烤 5 分鐘出爐。

出爐後，待涼即完成。

成　品

36　成品底部直徑 9.5 公分以上。

37　成品高度 5 公分以上。

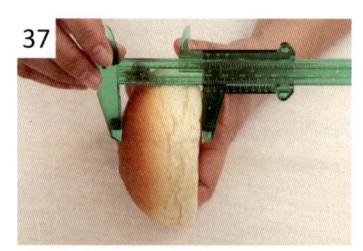

小叮嚀

① 麵糰基本發酵狀態，可用手指沾手粉戳入麵糰中測試，如果不回縮就是發酵完成。
② 布丁餡要自己製作，做好要放涼，才包入麵糰中。
③ 麵糰分割好時，**須請監評抽測分割麵糰重量。**
④ 麵糰擺放烤盤的擺法：

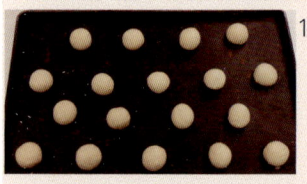

18 個 　　20 個 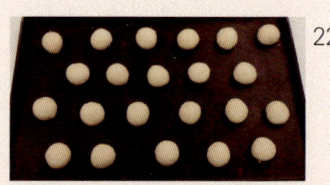　　22 個

⑤ 麵糰分割好後，放在烤盤的間距一定要抓好，不然發酵起來黏在一起，易破壞成品形狀。
⑥ 包餡時，需先將布丁餡放在秤上扣重，以扣重的方式包餡，且需使用包餡匙。
⑦ 在包餡收口時切記手不要沾到布丁餡，以免收口會包不起來。
⑧ 包好餡時，**須請監評抽測包餡後麵糰重量。**
⑨ 烤好成品直徑需有 9.5 公分 (含) 以上，高度 5 公分 (含) 以上。
⑩ 烤好的成品內餡露出狀況不能超過 20%，否則以零分計。

★ 評分標準

一、工作態度與衛生習慣(20分)※ 請參考 P.07 之說明

二、配方制定(10分)※ 請參考 P.07 之說明

1. 未填寫百分比、重量或製作程序者，本項以零分計。
2. 凡有下列各項情形之任一項者扣 5 分：
   (1) 未使用公制、(2) 原料不在規定範圍內、(3) 稱量不合規定、(4) 未列麵糰溫度。

三、操作技術(20分)

1. 動作純熟度佔 10 分。
2. 如有下列情形者每一項扣 3 分：
   (1) 攪拌時未停機變速、(2) 分割、整型時麵糰雜亂排放、(3) 未量測攪拌後之麵糰溫度、(4) 中間發酵麵糰有乾皮現象者。

四、產品外觀品質(30分)

1. 有以下情形之一者，本項不予計分：
   (1) 未使用包餡匙包餡者、(2) 內餡外溢(即底部或表面可以看到內餡)數量超過 20%者、(3) 成品不良率超過 20%(不良品標準見試題特別規定)。
2. 形狀(8 分)，以半球型為宜，如有下列情形者各扣 3 分：
   (1) 過分挺立(底部過小)、(2) 過分扁平(底部過大)。
3. 體積(8 分)，麵糰與成品體積比至少為 1：4，如有下列情形者扣分：
   (1) 體積比為 3 倍以上，不足 4 倍者扣 4 分、(2) 體積比為 3 倍以下，本項以零分計。
4. 顏色(7 分)，以悅目之金黃色為宜，如有下列情形者扣分：
   (1) 顏色過深或過淺扣 3 分、(2) 顏色不均勻扣 3 分。
5. 質地(7 分)，表皮質地以薄而柔軟為宜，如有下列情形者各扣 3 分：
   (1) 表皮太厚、(2) 表皮太硬、(3) 表皮不平滑。

五、產品內部品質(20分)

1. 組織(5 分)，應細膩柔軟，孔洞小而均勻，如有下列情形者各扣 3 分：
   (1) 堅實韌性過強、(2) 組織粗糙、(3) 很多不規則的大孔洞。
2. 顏色(5 分)，應呈現乳黃色並具有光澤，如有下列情形者扣分：
   (1) 呈暗灰色扣 3 分、(2) 不均勻色澤扣 3 分、(3) 烤焙不足，本顏色項以零分計。
3. 口感(5 分)，應爽口不黏牙，鹹甜適中，有下列情形者扣分：
   (1) 鹹甜味道不宜扣 3 分。
4. 風味(5 分)，應具發酵麥香味，無異味，如有下列情形者扣分：
   (1) 具有發酵過度酸味扣 3 分、(2) 無本類麵包應具有風味扣 3 分。
5. 奶粉布丁餡有焦味、未凝固或結顆粒，本項不予計分。
6. 口感(10 分)，應求爽口、鹹甜適中、不黏牙、不濕黏，如有下列情形者各扣 5 分。
7. 組織與結構(10 分)，應求中空，如有下列情形者各扣 5 分：
   (1) 內部呈網狀結構、(2) 組織粗糙多顆粒。

C 橄欖形餐包 (077-900301C)

試題 製作每個麵糰 40 公克橄欖形餐包 (1)24 個 (2)28 個 (3)32 個。

特別規定

①監評人員須抽測應檢人分割麵糰重量並記錄之。
②麵糰需全部放入同一烤盤烤焙。
③成品長度應為 10±2 公分，高度 4 公分 (含) 以上，否則以不良品計。
④底部接縫裂開寬度 1 公分 (含) 以上者，以不良品計。

麵包 C 橄欖形餐包

題型分析
※ 依據專業性應檢須知 - 第二條 - 第 3 項的規定：請詳見 P.07。

◆ 製作每個麵糰重 40 公克，計算材料秤量容差，要算入損耗 5%。

使用材料表

項目	材料名稱	規格
1	麵粉	高筋、低筋
2	碎冰	
3	砂糖	細砂糖、糖粉
4	雞蛋	洗選蛋或液體蛋
5	油脂	烤酥油、人造奶油或奶油 ※◎烤酥油（全素）
6	奶粉	全脂或脫脂

項目	材料名稱	規格
7	酵母	新鮮酵母或即發酵母粉
8	鹽	精鹽
9	乳化劑	麵包專用
10	改良劑	
11	◎豆漿粉	無糖、全豆磨製成漿煮沸再乾燥）（全素用）

備註：標示 ※ 為蛋奶素材料　　標示 ◎ 為全素材料

烘焙計算

題目	麵糰重量	製作數量	（1－損耗）	總百分比	係數
(1)	40 公克 ×	24 個	÷ (1－5%)	÷ 182.5	= 5.5
(2)		28 個			6.5
(3)		32 個			7.4

配方 & 百分比

分類	原料名稱	百分比 (%)	24 個 (g)	28 個 (g)	32 個 (g)
	係數		5.5	6.5	7.4
1	高筋麵粉	100	550	650	740
1	細砂糖	10	55	65	74
1	鹽	1	6	7	7
1	奶粉	4	22	26	30
2	水	50	275	325	370
2	雞蛋	8	44	52	59
2	即溶酵母	1.5	8	10	11
3	奶油	8	44	52	59
	合計	182.5	1004	1186	1351

技術士技能檢定烘焙食品丙級術科測試製作報告表

應檢人姓名：＿＿＿＿＿＿ 術科測驗號碼：＿＿＿＿＿＿（在術科測驗通知單上）

（一）試題名稱：**橄欖形餐包 28 個，每個麵糰 40 公克**

（二）製作報告表

	原料名稱	百分比	重量(公克)	製作程序及條件
1	高筋麵粉	100	650	※ 烘焙計算請參考 P.045。 1. 清洗用具、秤料、烤箱預熱，上火 200/下火 190℃。 2. 高筋麵粉、細砂糖、鹽、奶粉放入攪拌缸。 3. 水、蛋、即溶酵母攪拌均勻，加入攪拌缸。 4. 勾狀，慢速 2 分鐘拾起階段；中速 5 分鐘捲起階段。 5. 加入奶油，慢速 1 分鐘，中速 10 分鐘完成階段。 6. 麵糰溫度 28℃，發酵箱溫度 28℃、溼度 75%，基礎發酵 60 分鐘。 7. 分割每個麵糰 40 公克共 28 個，滾圓，中間發酵 15 分鐘。（請監評確認重量） 8. 整型、擀捲，放上烤盤。 9. 最後發酵：溫度 38℃、溼度 85%，發酵 60 分鐘，長度約 10 公分。 10. 入爐：上火 200/下火 190℃，烤焙 10 分鐘調頭，續烤 2 分鐘出爐，完成。
1	細砂糖	10	65	
1	鹽	1	7	
1	奶粉	4	26	
2	水	50	325	
2	雞蛋	8	52	
2	即溶酵母	1.5	10	
3	奶油	8	52	
	合計	182.5	1186	

小叮嚀

① 麵糰基本發酵狀態，可用手指沾手粉戳入麵糰中測試，如果不回縮就是發酵完成。
② 麵糰分割好時，**須請監評抽測分割麵糰重量。**
③ 麵糰擺放烤盤的擺法：

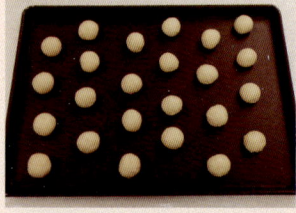

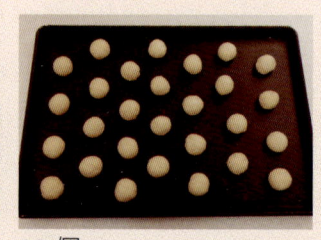

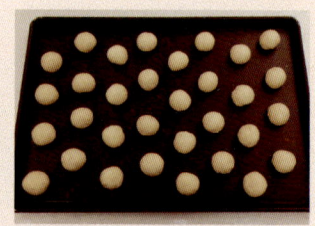

24 個　　　28 個　　　32 個

④ 麵糰分割好後，放在烤盤的間距一定要抓好，不然發酵起來黏在一起，易破壞成品形狀。
⑤ 整型時要注意時間動作要快，因為數量較多很容易前後的麵糰發酵狀態差太多，導致大小顆的情形。
⑥ 橄欖形餐包試題中有規定須放至同一烤盤上烘烤，所以建議最後發酵時就將麵糰放在一個烤盤上直接發酵，不要再移動麵糰以免影響外型。
⑦ 烤好成品直徑需有 10±2 公分，高度 4 公分 (含) 以上。
⑧ 烤好的成品底部接縫裂開寬度 1 公分 (含) 以上者，以不良品計。

製作流程

*清洗用具、秤料、烤箱預熱，上火 200/ 下火 190℃。

麵包 C — 橄欖形餐包

麵糰攪拌 (直接法)

1 高筋麵粉、細砂糖、鹽、奶粉放入攪拌缸。

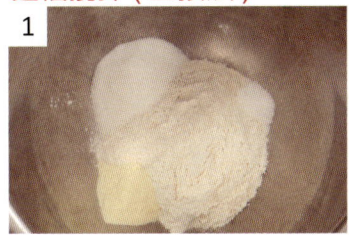

2 水、蛋、即溶酵母攪拌均勻。

3 酵母蛋水加入攪拌缸中。

4 勾狀拌打器，慢速攪拌 2 分鐘，「拾起」階段。

5 轉中速攪拌 5 分鐘，「捲起」階段。

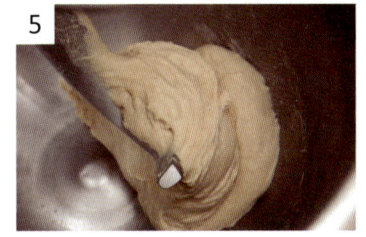

6 加入奶油，慢速 1 分鐘攪拌均勻。

7 轉中速攪拌 10 分鐘，「完成」階段，可拉出薄膜。

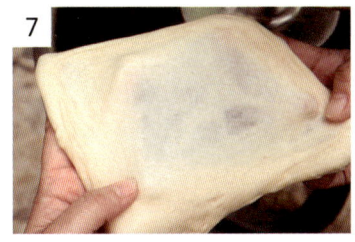

基礎發酵

8 量麵糰溫度 28℃，發酵箱溫度 28℃、溼度 75％，發酵 60 分鐘。

分割麵糰

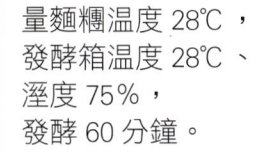

9 分割麵糰每個 40 公克，共 28 個，滾圓。**請監評抽查重量。**

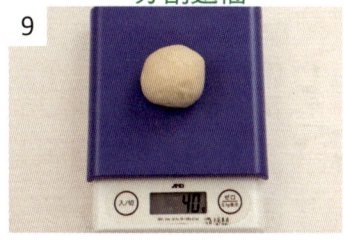

中間發酵

10 排放置於烤盤上，進行中間發酵 15 分鐘。

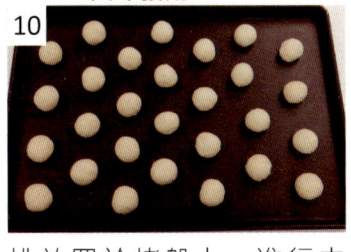

整型麵糰

11 取一個麵糰。

12 麵糰輕輕拍扁。

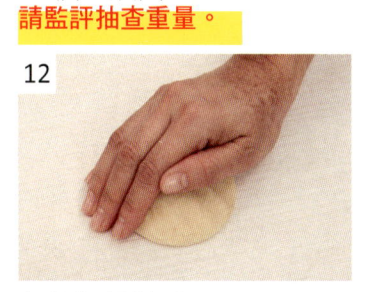

13 將麵糰翻面，拉長。

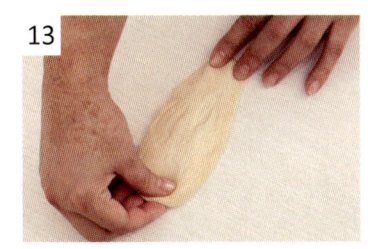

14 底部壓薄固定。

15 麵糰由上往下捲起，手勢是往內捲入。

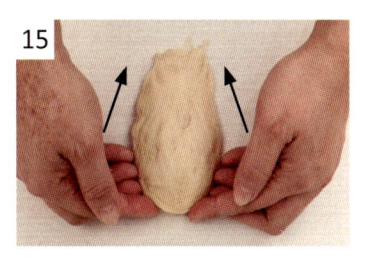

47

16 有點像是往內包起。

17 雙手的四隻指頭都要包覆住麵糰，往內收起。

18 側面看手指會是都貼著麵糰。

19 第二圈也一樣手勢。

20 側面看手勢一樣都是向內收起。

21 再做最後的收尾。

22 收口的地方要捏緊。

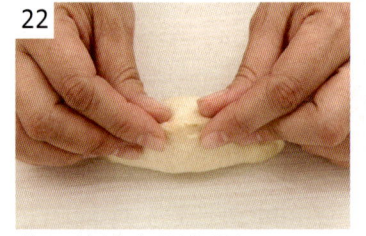

23 將兩腳也捏緊。

24 長度約 8～8.5 公分。

最後發酵

25 發酵箱溫度 38℃、溼度 85%，發酵 60 分鐘。

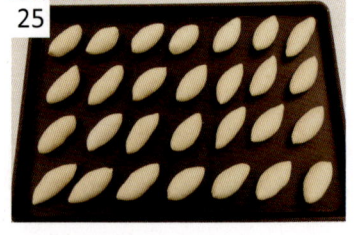

26 需將所有整型好的麵糰都放在同一個烤盤上做最後發酵，試題有規定只能用同一烤盤烤焙。

入爐、出爐

27 入爐前，約 10 公分長。

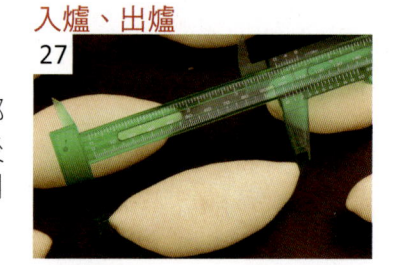

28 入爐，上火 200/下火 190℃，10 分鐘調頭，續烤 2 分鐘出爐。

出爐後，待涼即完成。

成　品

29 成品長度應 10±2 公分，高度 4 公分 (含) 以上。

🏅 評分標準

一、工作態度與衛生習慣 (20 分) ※ 請參考 P.07 之說明

二、配方制定 (10 分) ※ 請參考 P.07 之說明

1. 未填寫百分比、重量或製作程序者，本項以零分計。
2. 凡有下列各項情形之任一項者扣 5 分：
   (1) 未使用公制、(2) 原料不在規定範圍內、(3) 稱量不合規定、(4) 未列麵糰溫度。

三、操作技術 (20 分)

1. 動作純熟度佔 10 分。
2. 如有下列情形者每一項扣 3 分：
   (1) 攪拌時未停機變速、(2) 分割、整型時麵糰雜亂排放、(3) 未量測攪拌後之麵糰溫度、(4) 中間發酵麵糰有乾皮現象者。

四、產品外觀品質 (30 分)

1. 有以下情形之一者，本項不予計分：
   (1) 成品長度應為 10±2 公分，高度 4 公分 (含) 以上、(2) 底部接縫裂開寬度 1 公分 (含) 以上者。
2. 形狀 (8 分)，如有下列情形者各扣分：
   (1) 過分挺立 (底部過小) 扣 2 分、(2) 過分扁平 (底部過大) 扣 2 分。
3. 體積 (8 分)，麵糰與成品體積比至少為 1：4，如有下列情形者酌予扣分：
   (1) 體積比為 3 倍以上，不足 4 倍者扣 4 分。
4. 顏色 (7 分)，以悅目之金黃色為宜，如有下列情形者扣分：
   (1) 顏色過深或過淺扣 3 分。
5. 質地 (7 分)，表皮質地以薄而柔軟為宜，如有下列情形者各扣 3 分：
   (1) 表皮太厚、(2) 表皮太硬、(3) 表皮不平滑。

五、產品內部品質 (20 分)

1. 組織 (5 分)，應細膩柔軟，孔洞小而均勻，如有下列情形者各扣 3 分：
   (1) 堅實韌性過強、(2) 組織粗糙、(3) 很多不規則的大孔洞。
2. 顏色 (5 分)，應呈現乳黃色並具有光澤，如有下列情形者扣分：
   (1) 呈暗灰色扣 3 分、(2) 不均勻色澤扣 3 分、(3) 烤焙不足，本顏色項以零分計。
3. 口感 (5 分)，應爽口不黏牙，鹹甜適中，有下列情形者扣分：
   (1) 鹹甜味道不宜扣 3 分。
4. 風味 (5 分)，應具發酵麥香味，無異味，如有下列情形者扣分：
   (1) 具有發酵過度酸味扣 3 分、(2) 無本類麵包應具有風味扣 3 分。

麵包 C ─ 橄欖形餐包

D 圓頂葡萄乾土司 (077-900301D)

試題 製作圓頂葡萄乾土司 **4 條**，麵糰重 **560 公克**，未泡水葡萄乾佔麵粉重 (1)30% (2)25% (3)20%。

特別規定

①測試前監評人員應量測模具容積（毫升）依比容積（烤模體積／麵糰重）3.6±0.1 之比例確認麵糰重量。如需調整麵糰重量，每條麵糰量可調整 ±50 公克。並記錄於術科測試監評人員監評前協調會議紀錄上。

②葡萄乾泡水滴乾後，需直接加入攪拌缸中與麵糰攪拌（需經監評人員確認蓋章）。

③攪拌後麵糰中須看到葡萄乾顆粒均勻分散，否則以零分計。

④監評人員須抽測應檢人分割麵糰重量並記錄之。

⑤成品高度 60% 未高於模具高度，或腰側小於模具寬度 80％，或表面破裂超過 10％者，以不良品計。

麵包 D — 圓頂葡萄乾土司

題型分析

※ 依據專業性應檢須知 - 第二條 - 第 3 項的規定：請詳見 P.07

◆ 製作每個麵糰重 560 公克，計算材料秤量容差，要算入損耗 5%。

使用材料表

項目	材料名稱	規　　　　　格
1	麵粉	高筋
2	葡萄乾	大粒 (直徑大於 8mm)
3	砂糖	細砂糖、二號細砂糖 (二砂)
4	油脂	烤酥油、人造奶油或奶油 ※ ◎烤酥油 (全素)
5	雞蛋	洗選蛋、液體蛋
6	酵母	新鮮酵母、即發酵母粉

項目	材料名稱	規　　　　　格
7	鹽	精鹽
8	奶粉	脫脂或全脂
9	改良劑	
10	乳化劑	麵包專用
11	◎豆漿粉	無糖、全豆磨製成漿煮沸再乾燥)(全素用)
12	碎冰	

備註：標示 ※ 為蛋奶素材料　　標示 ◎ 為全素材料

烘焙計算

題目	麵糰重量		製作數量		（1 － 損耗）		總百分比		係數
(1)		×		÷		÷	222	=	10.6
(2)	560 公克		4 條		(1 － 5%)		217		10.9
(3)							212		11.1

配方 & 百分比

分類	原料名稱	百分比 (%)	30% (g)	25% (g)	20% (g)
	係數		10.6	10.9	11.1
1	高筋麵粉	100	1060	1090	1110
	細砂糖	15	159	164	167
	鹽	1.5	16	16	17
	奶粉	3	32	33	33
2	水	54	572	589	599
	雞蛋	7	74	76	78
	即溶酵母	1.5	16	16	17
3	奶油	10	106	109	111
4	葡萄乾	30/25/20	318	273	222
	合計	222/217/212	2353	2365	2353

51

技術士技能檢定烘焙食品丙級術科測試製作報告表

應檢人姓名：＿＿＿＿＿＿　術科測驗號碼：＿＿＿＿＿＿（在術科測驗通知單上）

（一）試題名稱：圓頂葡萄乾土司 4 條，每個麵糰重 560 公克，未泡水葡萄乾佔麵粉重 25%

（二）製作報告表：

	原料名稱	百分比	重量（公克）	製作程序及條件
1	高筋麵粉	100	1090	※ 烘焙計算請參考 P.051。 1. 清洗用具、秤料、烤箱預熱，上火 160/下火 210℃。 2. 葡萄乾浸泡 20 分鐘，擠乾。 3. 高筋麵粉、細砂糖、鹽、奶粉放入攪拌缸。 4. 水、蛋、即溶酵母攪拌均勻，加入攪拌缸。 5. 勾狀，慢速 2 分鐘拾起階段；中速 5 分鐘捲起階段。 6. 加入奶油，慢速 1 分鐘，中速 10 分鐘完成階段。 7. 分次加入葡萄乾，慢速拌勻。（請監評確認重量） 8. 麵糰溫度 28℃，發酵箱溫度 28℃、溼度 75%，基礎發酵 60 分鐘。 9. 分割每個麵糰 560 公克共 4 條，滾圓，中間發酵 15 分鐘。（請監評確認重量） 10. 整型、擀捲、入模。 11. 最後發酵：溫度 38℃、溼度 85%，發酵 60 分鐘至平烤模。 12. 入爐：上火 160/下火 210℃，烤焙 25 分鐘調頭，續烤 10～15 分鐘，出爐，完成。
	細砂糖	15	164	
	鹽	1.5	16	
	奶粉	3	33	
2	水	54	589	
	雞蛋	7	76	
	即溶酵母	1.5	16	
3	奶油	10	109	
4	葡萄乾	25	273	
	合計	217	2365	

小叮嚀

① 葡萄乾泡軟後，要確實擠乾，如果沒擠乾水份加入麵糰中攪拌，可能會導致麵糰水份太多糊掉。
② 加入葡萄乾前，須請監評確認蓋章。
③ 麵糰加入葡萄乾時，須將麵糰攤開再加入葡萄乾，可以讓葡萄乾確實拌入，且不能攪拌太久，以避免葡萄乾破裂。
④ 打好的葡萄乾土司麵糰建議基礎發酵前，找一個完整的面整圓，讓葡萄乾完全包入，發酵成品狀態會比較好。
⑤ 分割麵糰時要注意葡萄乾的分佈，要平均。
⑥ 麵糰分割好時，須請監評抽測分割麵糰重量。
⑦ 中間發酵麵糰擺放烤盤的擺法：交叉擺放，發酵完成才不會黏住。

發酵前。　　　　　　發酵後。

⑧ 整型時要注意表面不要有葡萄乾，發酵時和烘烤時容易表皮破裂。
⑨ 整型好麵糰要收口朝下放入模具中，發酵至平模具即可入爐。
⑩ 烘烤中，調頭的時候要注意表面是否太上色，如太上色可以蓋上白報紙避免顏色太焦黑。

製作流程

* 清洗用具、秤料、烤箱預熱，上火 160/ 下火 210℃。

麵包 D — 圓頂葡萄乾土司

葡萄乾泡水

1 葡萄乾泡水 20 分鐘泡軟，擠乾備用。

麵糰攪拌 (直接法)

2 高筋麵粉、細砂糖、鹽、奶粉放入攪拌缸。

3 水、蛋、即溶酵母攪拌均勻。

4 酵母蛋水加入攪拌缸中。

5 勾狀拌打器，慢速攪拌 2 分鐘，「拾起」階段。

6 轉中速攪拌 5 分鐘，「捲起」階段。

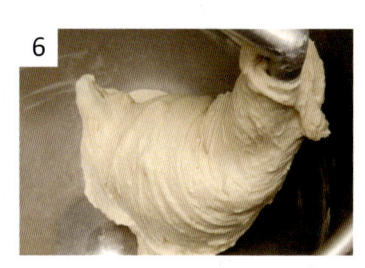

7 加入奶油，慢速 1 分鐘攪拌均勻。

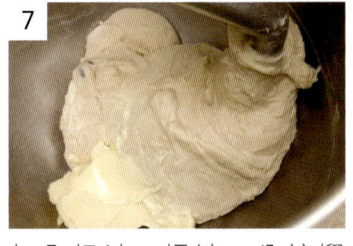

8 轉中速攪拌 10 分鐘，「完成」階段，可拉出薄膜。

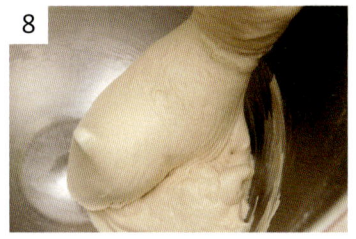

9 將麵糰稍為拉開，加入擠乾葡萄乾。
請監評抽查重量。

10 慢速攪拌均勻即可。

11 基礎發酵
量麵糰溫度 28℃，
發酵箱溫度 28℃、
溼度 75%，
發酵 60 分鐘。

12 發酵完成，用手指戳洞不回縮。

分割麵糰

13 分割麵糰每個 560 公克，共 4 條，滾圓。
請監評抽查重量。

中間發酵

14 排放置於烤盤上，進行中間發酵 15 分鐘。

15 麵糰先往自己的方向收緊，成長條狀。

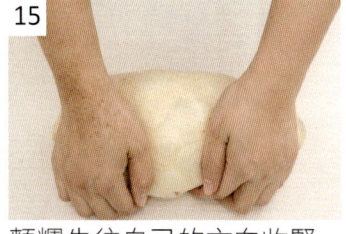

16 轉直，輕拍掉空氣。

17 擀開。

18 擀長約 40 公分。

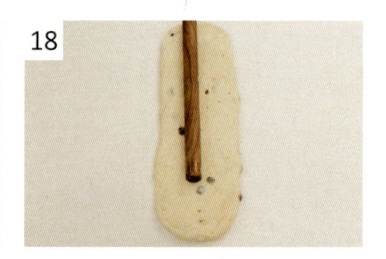

19 寬度同模具的長邊。

20 翻面，將尾端壓扁固定。

21 長度 40 公分。

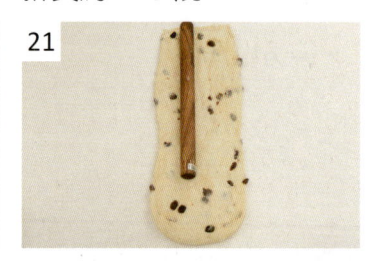

22 由上往下捲起。

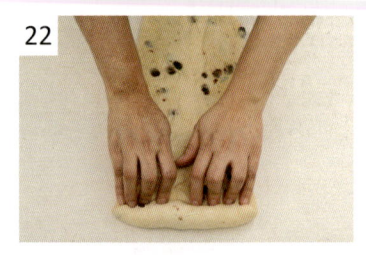

23 前兩圈要向下壓實。

24 再輕輕捲起。

25 捲起動作要輕，不要捲太緊。

26 收口處收緊。

27 兩邊收口也要收。

入　模

28 捲起的長度要剛好可以放入模具中。

29 將麵糰放入模具中。

最後發酵

30 發酵箱溫度 38℃、溼度 85％，發酵 60 分鐘。

31		32	入爐、出爐	33	

32. 入爐，上火 160/下火 210℃，25 分鐘調頭，續烤 10～15 分鐘出爐。

發酵至平烤模。

出爐後，待涼即完成。

★ 評分標準

一、工作態度與衛生習慣 (20 分)※ 請參考 P.07 之說明

二、配方制定 (10 分)※ 請參考 P.07 之說明

1. 未填寫百分比、重量或製作程序者，本項以零分計。
2. 凡有下列各項情形之任一項者扣 5 分：
   (1) 未使用公制、(2) 原料不在規定範圍內、(3) 稱量不合規定、(4) 未列麵糰溫度。

三、操作技術 (20 分)

1. 動作純熟度佔 10 分。
2. 如有下列情形者每一項扣 3 分：
   (1) 攪拌時未停機變速、(2) 分割、整型時麵糰雜亂排放、(3) 未量測攪拌後之麵糰溫度、(4) 中間發酵麵糰有乾皮現象者。

四、產品外觀品質 (30 分)

1. 有以下情形之一者，本項以零分計：
   (1) 成品高度 60% 未高於模具高度、(2) 腰側小於模具寬度 80%、(3) 表面裂開 10% 以上、(4) 攪拌後麵糰中需看到葡萄乾顆粒均勻分散，否則以零分計。
2. 形狀 (8 分)：
   (1) 底部不平整扣 2 分、(2) 頂部不平整扣 3 分、(3) 側面不平整扣 2 分。
3. 體積 (8 分)：
   (1) 超出烤模高度未達 3cm 者扣 3 分、(2) 超出烤模高度未達 2cm 者扣 5 分、(3) 超出烤模高度未達 1cm 者扣 8 分。
4. 顏色 (7 分)，應呈金黃褐色為佳品：
   (1) 如顏色太淺扣 3 分、(2) 不均勻者扣 4 分
5. 質地 (7 分)：
   (1) 表皮韌性過於強者扣 4 分、(2) 表皮過於酥脆者扣 3 分。

五、產品內部品質 (20 分)

1. 組織 (5 分)，應細膩柔軟，無粗糙感覺，葡萄乾均勻分布在麵包內，如有下列情形者扣 2 分：
   (1) 麵包顆粒粗糙壁膜厚實、(2) 壁膜薄而孔洞大、(3) 內部組織有不規則大孔洞、(4) 葡萄乾與麵糰無法緊密結合，鬆散易掉者。
2. 顏色 (5 分)，應呈現乳黃帶褐色並具有光澤 (依葡萄乾之多寡有深淺之差異)，如有下列情形者扣 3 分：
   (1) 呈灰暗色、(2) 有生粉或異物或因為烤焙不足，有不均勻色澤者。
3. 口感 (5 分)，應爽口不黏牙，不乾燥、鹹甜適中，有下列情形者扣 3 分：
   (1) 乾硬或黏牙、(2) 咀嚼味道不正。
4. 風味 (5 分)，應具發酵麥香味，無異味，如有下列情形者扣 3 分：
   (1) 因烤焙不足具有生麵糰味者、(2) 無本類麵包應具有風味。

麵包 D — 圓頂葡萄乾土司

E 圓頂土司 (077-900301E)

試題　製作麵糰 560 公克，圓頂土司 (1)5 條 (2)4 條 (3)3 條，
(油脂：糖：麵粉＝ 10：10：100)。

特別規定

① 測試前監評人員應量測模具容積 (毫升) 依比容積 (烤模體積／麵糰重)3.6±0.1 之比例確認麵糰重量。如需調整麵糰重量，每條麵糰量可調整 ±50 公克。並記錄於術科測試監評人員監評前協調會議紀錄上。

② 監評人員須抽測應檢人分割麵糰重量並記錄之。

③ 成品高度 60％未高於模具高度，或腰側小於模具寬度 80％，或表面破裂超過 10％者，以不良品計。

麵包 E — 圓頂奶油土司

🔍 題型分析
※ 依據專業性應檢須知 - 第二條 - 第 3 項的規定：請詳見 P.07。

◆ 製作每個麵糰重 560 公克，計算材料秤量容差，要算入損耗 5%。

📋 使用材料表

項目	材料名稱	規　　　　　　格
1	麵粉	高筋
2	砂糖	細砂糖
3	油脂	烤酥油、人造奶油或奶油 ※◎烤酥油（全素）
4	雞蛋	洗選蛋、液體蛋
5	奶粉	全脂或脫脂

項目	材料名稱	規　　　　　　格
6	酵母	新鮮酵母、即發酵母粉
7	鹽	精鹽
8	乳化劑	麵包專用
9	◎豆漿粉	無糖、全豆磨製成漿煮沸再乾燥）（全素用）
10	碎冰	

備註：標示 ※ 為蛋奶素材料　　標示 ◎ 為全素材料

🧮 烘焙計算

題目	麵糰重量		製作數量		（1 － 損耗）		總百分比		係數
(1)		×	5 條	÷		÷		=	15.8
(2)	560 公克		4 條		（1 － 5%）		186.5		12.6
(3)			3 條						9.5

% 配方 & 百分比

分類	原料名稱	百分比 (%)	5 條 (g)	4 條 (g)	3 條 (g)
	係數		15.8	12.6	9.5
1	高筋麵粉	100	1580	1260	950
	細砂糖	10	158	126	95
	鹽	1	16	13	10
	奶粉	4	63	50	38
2	水	52	822	655	494
	雞蛋	8	126	101	76
	即溶酵母	1.5	24	19	14
3	奶油	10	158	126	95
	合計	186.5	2947	2350	1772

技術士技能檢定烘焙食品丙級術科測試製作報告表

應檢人姓名：＿＿＿＿＿＿＿ 術科測驗號碼：＿＿＿＿＿＿（在術科測驗通知單上）

（一）試題名稱：圓頂奶油土司 4 條，每個麵糰 560 公克，奶油：糖：麵粉＝ 10：10：100

（二）製作報告表

	原料名稱	百分比	重量（公克）	製作程序及條件
1	高筋麵粉	100	1260	1. 清洗用具、秤料、烤箱預熱，上火 160/下火 210℃。 2. 高筋麵粉、細砂糖、鹽、奶粉放入攪拌缸。 3. 水、蛋、即溶酵母攪拌均勻，加入攪拌缸。 4. 勾狀，慢速 2 分鐘拾起階段；中速 5 分鐘捲起階段。 5. 加入奶油，慢速 1 分鐘，中速 10 分鐘完成階段。 6. 麵糰溫度 28℃，發酵箱溫度 28℃、溼度 75%，基礎發酵 60 分鐘。 7. 分割每個麵糰 560 公克共 4 條，滾圓，中間發酵 15 分鐘。（請監評確認重量） 8. 整型、擀捲，入模。 9. 最後發酵：溫度 38℃、溼度 85%，發酵 60 分鐘至烤模 9 分滿。 10. 入爐：上火 160/下火 210℃，烤焙 25 分鐘調頭，續烤 10～15 分鐘，出爐，完成。
	細砂糖	10	126	
	鹽	1	13	
	奶粉	4	50	
2	水	52	655	
	雞蛋	8	101	
	即溶酵母	1.5	19	
3	奶油	10	126	
	合計	186.5	2350	

※ 烘焙計算請參考 P.057。

小叮嚀

① 基本發酵前，測試溫度基本上 28℃ 發酵 1 小時，如溫度較高發酵時間須縮短。
② 麵糰基本發酵狀態，可用手指沾手粉戳入麵糰中測試，如果不回縮就是發酵完成。
③ 麵糰分割好時，須請監評抽測分割麵糰重量。
④ 麵糰擺放烤盤的擺法：

3 條　　　　　　　　　4 條　　　　　　　　　5 條

⑤ 整型時不要用力擀捲，會導致發酵時和烘烤時容易表皮破裂。
⑥ 整型好麵糰要收口朝下放入模具中。
⑦ 最後發酵至平模即可，要注意每個高度要一致。
⑧ 發酵後如表面有氣泡，可以用竹籤、叉子或刀子輕輕挑掉，要注意不要太用力以免空氣散失，麵糰整個垮掉。
⑨ 烘烤中，調頭的時候要注意表面是否太上色，如太上色可以蓋上白報紙避免頂部太上色。
⑩ 成品高度 60% 未高於模具高度，或腰側小於模具寬度 80%，或表面破裂超過 10% 者，以不良品計。

製作流程

* 清洗用具、秤料、烤箱預熱，上火 160/ 下火 210℃。

麵包 E ─ 圓頂奶油土司

麵糰攪拌 (直接法)

1 高筋麵粉、細砂糖、鹽、奶粉放入攪拌缸。

2 水、蛋、即溶酵母攪拌均勻。

3 酵母水加入攪拌缸中。

4 勾狀拌打器，慢速攪拌 2 分鐘，「拾起」階段。

5 轉中速攪拌 5 分鐘，「捲起」階段。

6 加入奶油，慢速 1 分鐘攪拌均勻。

7 轉中速攪拌 10 分鐘，「完成」階段。

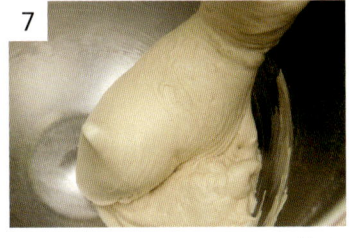

8 可以拉出薄膜狀。

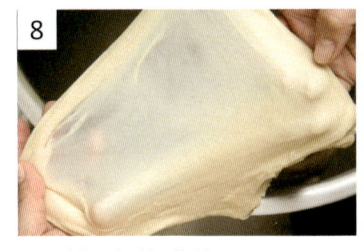

9 麵糰取出，滾圓後置於烤盤上。

分割麵糰

10 基礎發酵
量麵糰溫度 28℃，
發酵箱溫度 28℃、
溼度 75%，
發酵 60 分鐘。

11 手指在麵糰中間戳洞，測試發酵程度。

12 分割麵糰每個 560 公克，共 4 個，滾圓。

請監評抽查重量

中間發酵

整型麵糰

13 排放置於烤盤上，進行中間發酵 15 分鐘。

14 發酵完成。

15 先輕拍掉多餘空氣。

59

16 將麵糰往自己的方向收緊。

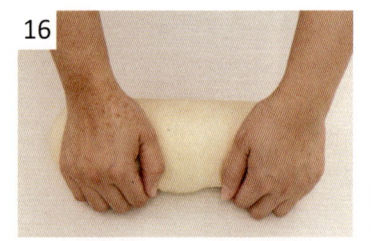

17 轉直。

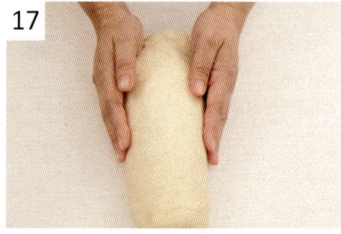

18 輕拍掉空氣。

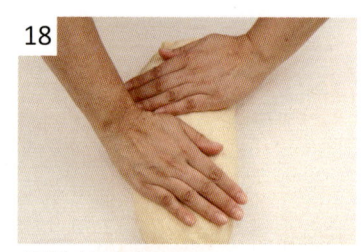

19 擀開。

20 擀長約 40 公分。

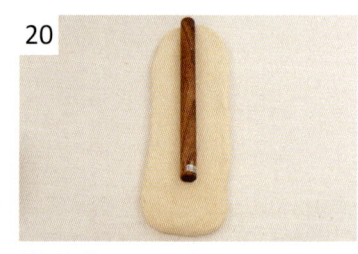

21 麵糰寬度同模具的短邊。

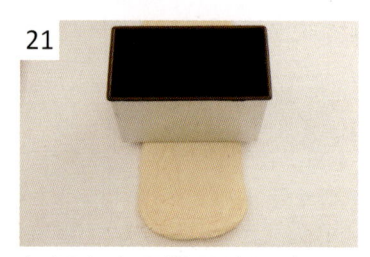

22 翻面，將尾端壓扁固定。

23 長度 40 公分。

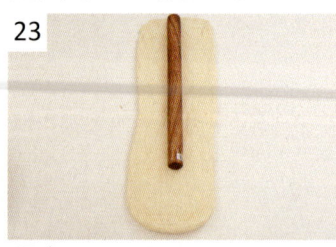

24 由上往下捲起。

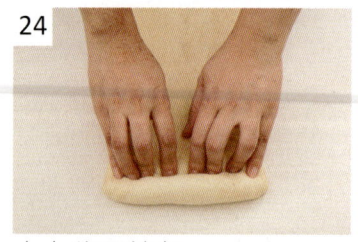

25 前兩圈要向下壓實。

26 再輕輕捲起。

27 記得不要捲太緊。

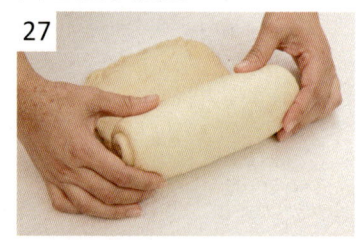

28 整個捲好。

29 收口收緊。

30 側邊收口也要收好。

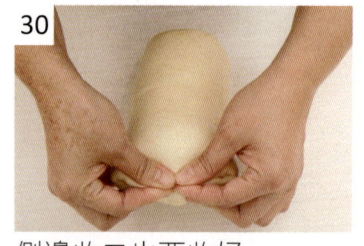

入　模

31 捲起的長度要剛好可以放入模具中。

32 將麵糰放入模具中。

最後發酵

33 發酵箱溫度 38℃、溼度 85%，發酵 60 分鐘。

60

34 麵糰發酵至烤模 9 分滿。

35 入爐、出爐
入爐，上火 160/ 下火 210℃，25 分鐘調頭，續烤 10～15 分鐘出爐。

36 出爐後，輕敲脫模，待涼即完成。

麵包 E ─ 圓頂奶油土司

🏅 評分標準

一、工作態度與衛生習慣（20 分）※ 請參考 P.07 之說明

二、配方制定（10 分）※ 請參考 P.07 之說明

1. 未填寫百分比、重量或製作程序者，本項以零分計。
2. 凡有下列各項情形之任一項者扣 5 分：
   (1) 未使用公制、(2) 原料不在規定範圍內、(3) 稱量不合規定、(4) 未列麵糰溫度。

三、操作技術（20 分）

1. 動作純熟度佔 10 分。
2. 如有下列情形者每一項扣 3 分：
   (1) 攪拌時未停機變速、(2) 分割、整型時麵糰雜亂排放、(3) 未量測攪拌後之麵糰溫度、(4) 中間發酵麵糰有乾皮現象者。

四、產品外觀品質（30 分）

1. 有以下情形之一者，本項以零分計：
   (1) 成品高度 60% 未高於模具高度、(2) 腰側小於模具寬度 80%、(3) 表面裂開 10% 以上。
2. 形狀（8 分），頂部應圓潤。兩頭與中央一般高，一側有整齊裂痕為準：
   (1) 底部不平整扣 3 分、(2) 頂部不圓潤，歪斜扣 2 分、(3) 兩側向內凹陷扣 3 分。
3. 體積（8 分），出爐後高度應超過烤模 1～4 公分，取中間節切開計算：
   (1) 超出烤模高度未達 3cm 者扣 3 分、(2) 超出烤模高度未達 2cm 者扣 5 分、(3) 超出烤模高度未達 1cm 者扣 8 分。
4. 顏色（7 分），應呈金黃褐色佳品：
   (1) 表皮有黑斑點扣 3 分、(2) 烤焙不均勻者扣 4 分。
5. 質地（7 分）：
   (1) 表皮韌性過於強者扣分。

五、產品內部品質（20 分）

1. 組織（5 分），應細膩柔軟，無粗糙感覺，如有下列情形者扣 3 分：
   (1) 麵包顆粒粗糙壁膜厚實、(2) 壁膜薄而孔洞大、(3) 切開時易生碎屑。
2. 顏色（5 分），應呈現乳黃色並具有光澤，如有下列情形者各扣 3 分：
   (1) 呈灰暗色、(2) 有不均勻色澤者。
3. 口感（5 分），應爽口、不黏牙，鹹甜適中，如有下列情形者扣 3 分：
   (1) 乾硬或黏牙、(2) 咀嚼味道不正。
4. 風味（5 分），應具淡淡的麥香味，無異味，如有下列情形者扣 3 分：
   (1) 烤焙不足具有生麵糰味者、(2) 有不正常異味。

F 紅豆甜麵包 (077-900301F)

試題　製作每個麵糰重 **60 公克**，紅豆餡 30 公克之圓形紅豆甜麵包
(1)18 個 (2)20 個 (3)22 個。

特別規定

① 紅豆餡為帶皮紅豆餡，由術科測試辦理單位準備。
② 監評人員須測量應檢人包餡後麵糰重量 (90±2 公克) 並記錄之，否則以不良品計。
③ 餡料不得於包餡前先行分割，需待包餡時使用包餡匙取餡包入，否則以零分計。
④ 成品直徑應為 9.5 公分 (含) 以上，高度 5 公分 (含) 以上，否則以不良品計。
⑤ 內餡外溢 (即底部或表面可看到內餡) 數量超過 20% (＞20%) 者，以零分計。

題型分析

※ 依據專業性應檢須知 - 第二條 - 第 3 項的規定：請詳見 P.07。

◆ 製作每個麵糰重 **60 公克**，計算材料秤量容差，要算入損耗 5%。

麵包 F — 紅豆甜麵包

使用材料表

項目	材料名稱	規格
1	麵粉	高筋、低筋
2	紅豆粒餡	整粒紅豆製作※ ◎整粒紅豆製作（全素用）
3	砂糖	細砂糖
4	雞蛋	洗選蛋或液體蛋
5	油脂	烤酥油、人造奶油或奶油 ※◎烤酥油（全素用）
6	酵母	新鮮酵母、即發酵母粉

項目	材料名稱	規格
7	奶粉	全脂或脫脂
8	鹽	精鹽
9	改良劑	
10	乳化劑	麵包專用
11	◎豆漿粉	無糖（全豆磨製成漿煮沸再乾燥）（全素用）
12	碎冰	

備註：標示 ※ 為蛋奶素材料　標示◎為全素材料

烘焙計算

題目	麵糰重量		製作數量		（1－損耗）		總百分比		係數
(1)		×	18 個	÷		÷		=	5.8
(2)	60 公克		20 個		(1－5%)		195		6.4
(3)			22 個						7.1

餡料重量 = 數量 ×30 公克

(1) 18 個 ×30 公克 = **540** 公克　(2) 20 個 ×30 公克 = **600** 公克　(3) 22 個 ×30 公克 = **660** 公克

配方 & 百分比

分類	原料名稱	百分比 (%)	18 個 (g)	20 個 (g)	22 個 (g)
	係數		5.8	6.4	7.1
1	高筋麵粉	80	464	512	568
	低筋麵粉	20	116	128	142
	細砂糖	22	128	141	156
	鹽	1.5	9	10	11
	奶粉	4	23	26	28
2	水	46	267	294	327
	雞蛋	10	58	64	71
	即溶酵母	1.5	9	10	11
3	奶油	10	58	64	71
	合計	195	1131	1248	1385
4	紅豆餡	100	540	600	660

技術士技能檢定烘焙食品丙級術科測試製作報告表

應檢人姓名：＿＿＿＿＿＿　術科測驗號碼：＿＿＿＿＿＿（在術科測驗通知單上）

（一）試題名稱：圓形紅豆甜麵包 20 個，每個麵糰重 60 公克，每個紅豆餡 30 公克

（二）製作報告表

	原料名稱	百分比	重量(公克)	製作程序及條件
1	高筋麵粉	80	512	1. 清洗用具、秤料、烤箱預熱，上火 200/ 下火 190℃。 2. 高筋麵粉、低筋麵粉、細砂糖、鹽、奶粉放入攪拌缸。 3. 水、蛋、即溶酵母攪拌均勻，加入攪拌缸。 4. 勾狀，慢速 2 分鐘拾起階段；中速 5 分鐘捲起階段。 5. 加入奶油，慢速 1 分鐘，中速 8 分鐘完成階段。 6. 麵糰溫度 28℃，發酵箱溫度 28℃、溼度 75%，基礎發酵 60 分鐘。 7. 分割每個麵糰 60 公克共 20 個，滾圓，中間發酵 15 分鐘。(請監評確認重量) 8. 包入紅豆餡每個 30 公克，整型，放上烤盤。(請監評確認重量) 9. 最後發酵：溫度 38℃、溼度 85%，發酵 60 分鐘，底部直徑約 9 公分。 10. 入爐：上火 200/ 下火 190℃，烤焙 12 分鐘調頭，續烤 5 分鐘出爐，完成。
	低筋麵粉	20	128	
	細砂糖	22	141	
	鹽	1.5	10	
	奶粉	4	26	
2	水	46	294	
	雞蛋	10	64	
	即溶酵母	1.5	10	
3	奶油	10	64	
	合計	195	1248	
4	紅豆餡(考場提供)	100	600	

※ 烘焙計算請參考 P.063。

小叮嚀

① 麵糰基本發酵狀態，可用手指沾手粉戳入麵糰中測試，如果不回縮就是發酵完成。
② 紅豆餡為考場提供，在家練習時可以買現成的帶皮紅豆餡料。
③ 麵糰分割好時，須請監評抽測分割麵糰重量。
④ 麵糰擺放烤盤的擺法：

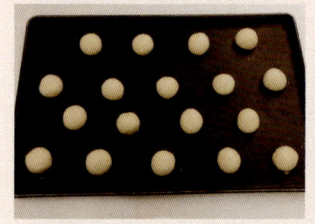

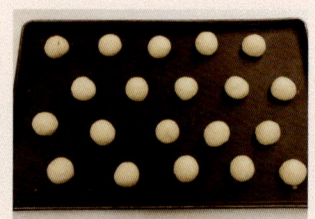

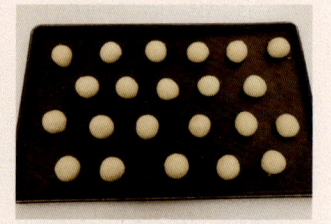

18 個　　　20 個　　　22 個

⑤ 麵糰分割好後，放在烤盤的間距一定要抓好，不然發酵起來黏在一起，易破壞成品形狀。
⑥ 包餡時，需先將紅豆餡放在秤上扣重，以扣重的方式包餡，且需使用包餡匙。
⑦ 在包餡收口時切記手不要沾到紅豆餡，以免收口會包不起來。
⑧ 包好餡時，須請監評抽測包餡後麵糰重量。
⑨ 烤好成品直徑需有 9.5 公分(含)以上，高度 5 公分(含)以上。
⑩ 烤好的成品內餡露出狀況不能超過 20%。

製作流程

＊清洗用具、秤料、烤箱預熱，上火 200/ 下火 190℃。

麵包 F — 紅豆甜麵包

麵糰攪拌 (直接法)

1 高筋麵粉、低筋麵粉、細砂糖、鹽、奶粉放入攪拌缸。

2 水、蛋、即溶酵母攪拌均勻。

3 酵母蛋水加入攪拌缸中。

4 勾狀拌打器，慢速攪拌 2 分鐘，「拾起」階段。

5 轉中速攪拌 5 分鐘，「捲起」階段。

6 加入奶油，慢速 1 分鐘攪拌均勻。

7 轉中速攪拌 5 分鐘，「擴展」階段。

8 拉薄膜的破裂形狀為邊緣鋸齒狀的圓形。

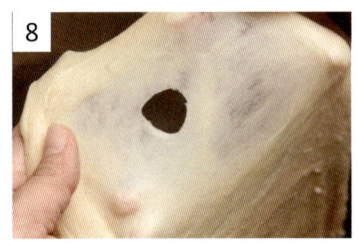

9 續打 3 分鐘，「完成」階段。

10 可拉出薄膜。

11 基礎發酵
量麵糰溫度 28℃，
發酵箱溫度 28℃、
溼度 75%，
發酵 60 分鐘。

12 手指在麵糰中間戳洞，測試發酵程度。

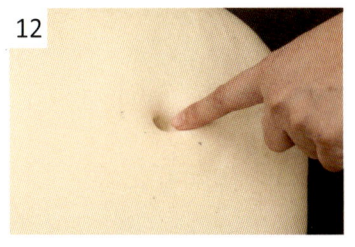

分割麵糰

13 分割麵糰每個 60 公克，共 20 個，滾圓。
<mark>請監評抽查重量。</mark>

中間發酵

14 排放置於烤盤上，進行中間發酵 15 分鐘。

15 發酵完成。

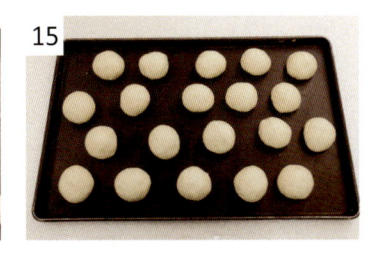

整型麵糰

16 考場提供紅豆餡。在家練習可買現成帶皮紅豆餡料。

17 放上秤，扣重備用。

18 取一個麵糰。

19 輕輕拍扁。

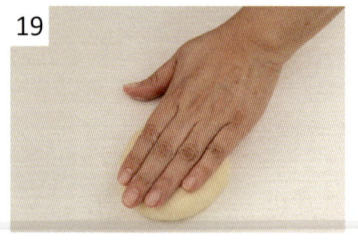

20 擀開。

21 紅豆餡扣重 30 公克，需使用包餡匙。

22 包入紅豆餡。

23 慢慢包入，不要露餡。

24 最後將收口捏緊。**請監評抽查重量。**

最後發酵

25 發酵箱溫度 38℃、溼度 85%，發酵 60 分鐘。

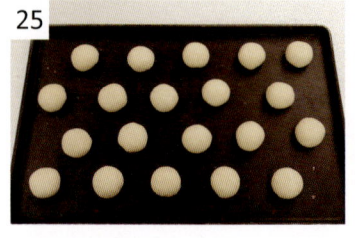

26 發酵完成。

27 底部約 9 公分以上。

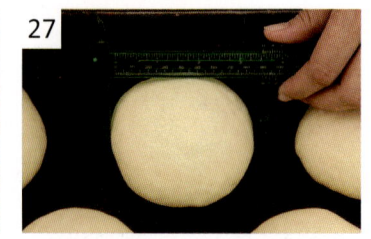

成　品

28 入爐、出爐

入爐，上火 200/ 下火 190℃，12 分鐘調頭，續烤 5 分鐘出爐。

出爐後，待涼即完成。

29 成品底部直徑 9.5 公分以上。

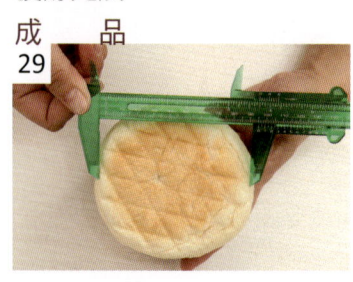

30 成品高度 5 公分以上。

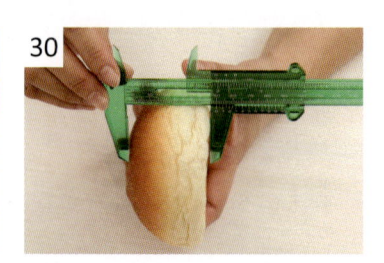

評分標準

一、工作態度與衛生習慣(20 分)※ 請參考 P.07 之說明

二、配方制定(10 分)※ 請參考 P.07 之說明

1. 未填寫百分比、重量或製作程序者，本項以零分計。
2. 凡有下列各項情形之任一項者扣 5 分：
   (1) 未使用公制、(2) 原料不在規定範圍內、(3) 稱量不合規定、(4) 未列麵糰溫度。

三、操作技術(20 分)

1. 動作純熟度佔 10 分。
2. 如有下列情形者每一項扣 3 分：
   (1) 攪拌時未停機變速、(2) 分割、整型時麵糰雜亂排放、(3) 未量測攪拌後之麵糰溫度、(4) 中間發酵麵糰有乾皮現象者。

四、產品外觀品質(30 分)

1. 有以下情形之一者，本項不予計分：
   (1) 未使用包餡匙包餡者、(2) 內餡外溢(即底部或表面可以看到內餡)數量超過 20% 者、(3) 成品不良率超過 20%(不良品標準見試題特別規定)。
2. 形狀(8 分)，以半球型為宜，如有下列情形者各扣 3 分：
   (1) 過分挺立(底部過小)、(2) 過分扁平(底部過大)、(3) 表皮過份皺縮。
3. 體積(8 分)，麵糰與成品體積比至少為 1：4，如有下列情形者扣分：
   (1) 未達 4 倍者扣 2 分、(2) 未達 3 倍者扣 4 分、(3) 達不到 2 倍者扣 8 分。
4. 顏色(7 分)，應呈悅目金黃色。
5. 烤焙均勻程度(7 分)，底部與表皮應具金黃色，如有下列情形者各扣 4 分：
   (1) 表皮著色過深或過淺、(2) 底部著色過深或過淺。

五、產品內部品質(20 分)

1. 組織(5 分)，應細膩柔軟，孔洞小而均勻，如有下列情形者扣 3 分：
   (1) 麵包顆粒粗糙緊密、(2) 包餡位置不在正中央、(3) 內部組織有不規則大孔洞。
2. 顏色(5 分)，應呈乳黃帶褐色，並具有光澤，如有下列情形者扣 3 分：
   (1) 呈灰暗色、(2) 有不均勻色澤者、(3) 內部組織有不規則大孔洞。
3. 口感(5 分)，應爽口、不黏牙、不乾燥、鹹甜適中，如有下列情形者扣 3 分：
   (1) 乾硬或黏牙、(2) 咀嚼味道不正。
4. 風味(5 分)，應具發酵麥香味，無異味，如有下列情形者扣 3 分：
   (1) 烤焙不足具有生麵糰味者、(2) 無本類麵包應具有風味。

G 奶酥甜麵包 (077-900301G)

試題 製作每個麵糰重 **60 公克**，奶酥餡 30 公克之圓形奶酥甜麵包 (1)18 個 (2)20 個 (3)22 個。

特別規定

①奶酥餡由應檢人自行製作，損耗為 5%。
②監評人員須測量應檢人包餡後麵糰重量(90±2 公克)並記錄之，否則以不良品計。
③餡料不得於包餡前先行分割，需待包餡時使用包餡匙取餡包入，否則以零分計。
④成品直徑應為 9.5 公分(含)以上，高度 5 公分(含)以上，否則以不良品計。
⑤內餡外溢(即底部或表面可看到內餡)數量超過 20%(＞20%)者，以零分計。

題型分析　※依據專業性應檢須知-第二條-第3項的規定：請詳見 P.07。

◆製作每個麵糰重 **60 公克**，計算材料秤量容差，要算入損耗 5%。
◆製作每個奶酥餡重 **30 公克**，計算材料秤量容差，要算入損耗 5%。

麵包 G 奶酥甜麵包

📋 使用材料表

項目	材料名稱	規格
1	麵粉	高筋、低筋
2	糖	細砂糖、糖粉
3	碎冰	
4	油脂	烤酥油、人造奶油或奶油 ※◎烤酥油（全素）
5	雞蛋	洗選蛋或液體蛋
6	奶粉	全脂或脫脂

項目	材料名稱	規格
7	酵母	新鮮酵母或即發酵母粉
8	鹽	精鹽
9	乳化劑	麵包專用
10	改良劑	
11	◎豆漿粉	無糖（全豆磨製成漿煮沸再乾燥）（全素用）
12	◎椰漿	椰漿（罐頭）

備註：標示 ※ 為蛋奶素材料 標示◎為全素材料

🧮 烘焙計算

麵糰：

題目	麵糰重量		製作數量		（1－損耗）		總百分比		係數
(1)		×	18 個	÷		÷		=	5.8
(2)	60 公克		20 個		（1－5％）		197		6.4
(3)			22 個						7.1

奶酥餡：

題目	奶酥餡重量		製作數量		（1－損耗）		總百分比		係數
(1)		×	18 個	÷		÷		=	2
(2)	30 公克		20 個		（1－5％）		280.5		2.3
(3)			22 個						2.5

％ 配方 & 百分比

分類	原料名稱	百分比 (%)	18 個 (g)	20 個 (g)	22 個 (g)
	麵糰係數		**5.8**	**6.4**	**7.1**
1	高筋麵粉	80	464	512	568
	低筋麵粉	20	116	128	142
	細砂糖	22	128	141	156
	鹽	1.5	9	10	11
	奶粉	4	23	26	28
2	水	48	278	307	341
	雞蛋	10	58	64	71
	即溶酵母	1.5	9	10	11
3	奶油	10	58	64	71
	合計	197	1143	1261	1399
	奶酥餡係數		**2**	**2.3**	**2.5**
4	奶油	80	160	184	200
	鹽	0.5	1	1	1
	糖粉	80	160	184	200
	雞蛋	20	40	46	50
	奶粉	100	200	230	250
	合計	280.5	561	645	701

技術士技能檢定烘焙食品丙級術科測試製作報告表

應檢人姓名：_____ 術科測驗號碼：_____（在術科測驗通知單上）

（一）試題名稱：奶酥甜麵包 20 個，每個麵糰重 60 公克，每個奶酥餡 30 公克

（二）製作報告表

原料名稱		百分比	重量（公克）	製作程序及條件
麵糰				※ 烘焙計算請參考 P.069。 1. 清洗用具、秤料、烤箱預熱，上火 200/ 下火 190℃。 2. 高筋麵粉、低筋麵粉、細砂糖、鹽、奶粉放入攪拌缸。 3. 水、蛋、即溶酵母攪拌均勻，加入攪拌缸。 4. 勾狀，慢速 2 分鐘拾起階段；中速 5 分鐘捲起階段。 5. 加入奶油，慢速 1 分鐘，中速 8 分鐘完成階段。 6. 麵糰溫度 28℃，發酵箱溫度 28℃、溼度 75%，基礎發酵 60 分鐘。 7. 奶酥餡材料全部倒入攪拌缸中，槳狀，慢速拌勻即可。 8. 分割每個麵糰 60 公克共 20 個，滾圓，中間發酵 15 分鐘。（請監評確認重量） 9. 包入奶酥餡每個 30 公克，整型，放上烤盤。（請監評確認重量） 10. 最後發酵：溫度 38℃、溼度 85%，發酵 60 分鐘，底部直徑約 9 公分。 11. 入爐：上火 200/ 下火 190℃，烤焙 12 分鐘調頭，續烤 5 分鐘出爐，完成。
1	高筋麵粉	80	512	
	低筋麵粉	20	128	
	細砂糖	22	141	
	鹽	1.5	10	
	奶粉	4	26	
2	水	48	307	
	雞蛋	10	64	
	即溶酵母	1.5	10	
3	奶油	10	64	
	合計	197	1261	
奶酥餡				
4	奶油	80	184	
	鹽	0.5	1	
	糖粉	80	184	
	雞蛋	20	46	
	奶粉	100	230	
	合計	280.5	645	

製作流程

＊清洗用具、秤料、烤箱預熱，上火 200/ 下火 190℃。

麵糰攪拌 (直接法)

1. 高筋麵粉、低筋麵粉、細砂糖、鹽、奶粉放入攪拌缸。

2. 水、蛋、即溶酵母攪拌均勻。

3. 酵母水加入攪拌缸中。

4. 勾狀拌打器，慢速攪拌 2 分鐘，「拾起」階段。

5. 轉中速攪拌 5 分鐘，「捲起」階段。

6. 加入奶油，慢速 1 分鐘攪拌均勻。

7. 轉中速攪拌 5 分鐘，「擴展」階段。

8. 拉薄膜的破裂形狀為邊緣鋸齒狀的圓形。

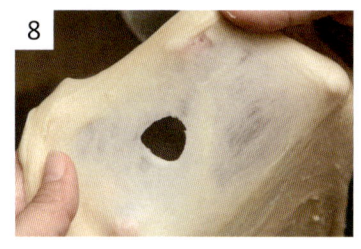

9. 續打 3 分鐘，「完成」階段。

10. 可拉出薄膜。

11. **基礎發酵**
量麵糰溫度 28℃，
發酵箱溫度 28℃、
溼度 75％，
發酵 60 分鐘。

發酵完成時手指在麵糰中間戳洞，測試發酵程度。

分割麵糰

12. 分割麵糰每個 60 公克，共 20 個，滾圓。

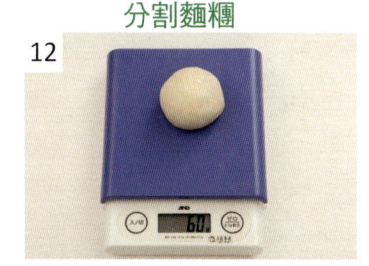

請監評抽查重量

中間發酵

13. 排放置於烤盤上，進行中間發酵 15 分鐘。

奶酥餡

14. 將奶酥餡所有材料倒入攪拌缸中。

15. 槳狀，慢速拌勻 2 分鐘。

整型麵糰

16 取出放入小鋼盆再放上秤，扣重備用。

17 取一個麵糰，輕輕拍扁，擀開。

18 奶酥餡扣重 30 公克，需使用包餡匙。

19 包入奶酥餡，收口捏緊。
請監評抽查重量。

最後發酵

20 發酵箱溫度 38℃、溼度 85%，發酵 60 分鐘。

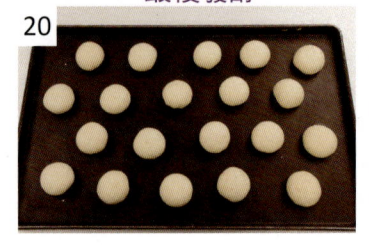

21 發酵完成，底部約 9 公分以上。

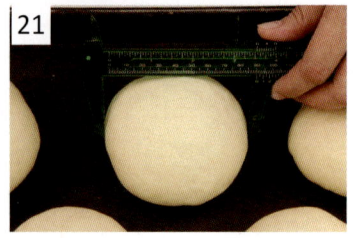

22 入爐、出爐

入爐，上火 200/下火 190℃，12 分鐘調頭，續烤 5 分鐘出爐。

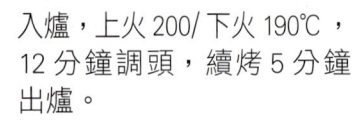

出爐後，待涼即完成。

成　品

23 成品底部直徑 9.5 公分以上。

24 成品高度 5 公分以上。

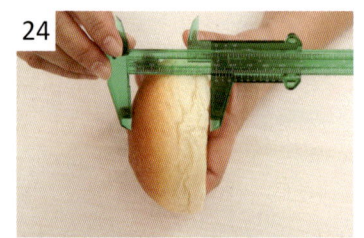

小叮嚀

① 麵糰基本發酵狀態，可用手指沾手粉戳入麵糰中測試，如果不回縮就是發酵完成。
② 麵糰分割好時，須請監評抽測分割麵糰重量。
③ 麵糰擺放烤盤的擺法：

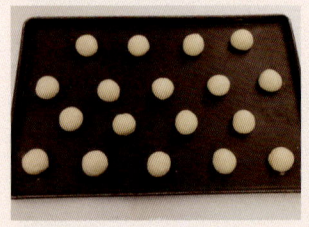

18 個 　　　20 個 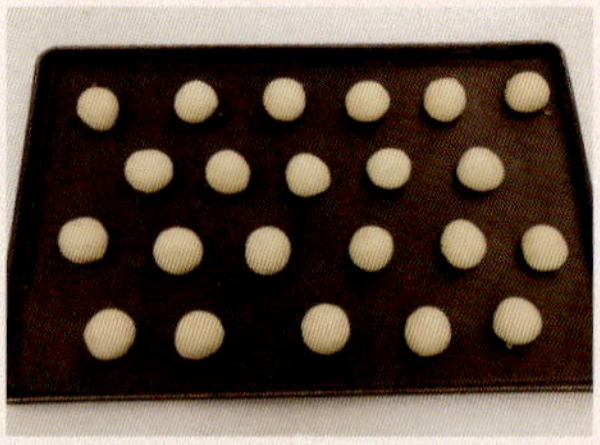　　　22 個

④ 麵糰分割好後，放在烤盤的間距一定要抓好，不然發酵起來黏在一起，易破壞成品形狀。
⑤ 包餡時，需先將奶酥餡放在秤上扣重，以扣重的方式包餡，且需使用包餡匙。
⑥ 在包餡收口時切記手不要沾到奶酥餡，以免收口會包不起來。
⑦ 包好餡時，須請監評抽測包餡後麵糰重量。
⑧ 烤好成品直徑需有 9.5 公分(含)以上，高度 5 公分(含)以上。
⑨ 烤好的成品內餡露出狀況不能超過 20%。

🏅 評分標準

一、工作態度與衛生習慣(20分)※ 請參考 P.07 之說明

二、配方制定(10分)※ 請參考 P.07 之說明

1. 未填寫百分比、重量或製作程序者,本項以零分計。
2. 凡有下列各項情形之任一項者扣 5 分:
   (1) 未使用公制、(2) 原料不在規定範圍內、(3) 稱量不合規定、(4) 未列麵糰溫度。

三、操作技術(20分)

1. 動作純熟度佔 10 分。
2. 如有下列情形者每一項扣 3 分:
   (1) 攪拌時未停機變速、(2) 分割、整型時麵糰雜亂排放、(3) 未量測攪拌後之麵糰溫度、(4) 中間發酵麵糰有乾皮現象者。

四、產品外觀品質(30分)

1. 有以下情形之一者,本項不予計分:
   (1) 未使用包餡匙包餡者、(2) 內餡外溢(即底部或表面可以看到內餡)數量超過 20% 者、(3) 成品不良率超過 20%(不良品標準見試題特別規定)。
2. 形狀(8分),以半球型為宜,如有下列情形者各扣 3 分:
   (1) 過分挺立(底部過小)、(2) 過分扁平(底部過大)、(3) 表皮過份皺縮。
3. 體積(8分),麵糰與成品體積比至少為 1:4,如有下列情形者扣分:
   (1) 未達 4 倍者扣 2 分、(2) 未達 3 倍者扣 4 分、(3) 達不到 2 倍者扣 8 分。
4. 顏色(7分),應呈悅目金黃色。
5. 烤焙均勻程度(7分),底部與表皮應具金黃色,如有下列情形者各扣 4 分:
   (1) 表皮著色過深或過淺、(2) 底部著色過深或過淺。

五、產品內部品質(20分)

1. 組織(5分),應細膩柔軟,孔洞小而均勻,如有下列情形者扣 3 分:
   (1) 麵包顆粒粗糙緊密、(2) 包餡位置不在正中央、(3) 內部組織有不規則大孔洞。
2. 顏色(5分),應呈乳黃帶褐色,並具有光澤,如有下列情形者扣 3 分:
   (1) 呈灰暗色、(2) 有不均勻色澤者、(3) 內部組織有不規則大孔洞。
3. 口感(5分),應爽口、不黏牙、不乾燥、鹹甜適中,如有下列情形者扣 3 分:
   (1) 乾硬或黏牙、(2) 咀嚼味道不正。
4. 風味(5分),應具發酵麥香味,無異味,如有下列情形者扣 3 分:
   (1) 烤焙不足具有生麵糰味者、(2) 無本類麵包應具有風味。

西點蛋糕
Cake

- A 巧克力戚風蛋糕捲
- B 大理石蛋糕
- C 海綿蛋糕
- D 香草天使蛋糕
- E 蒸烤雞蛋牛奶布丁
- F 泡芙 (奶油空心餅)
- G 檸檬布丁派

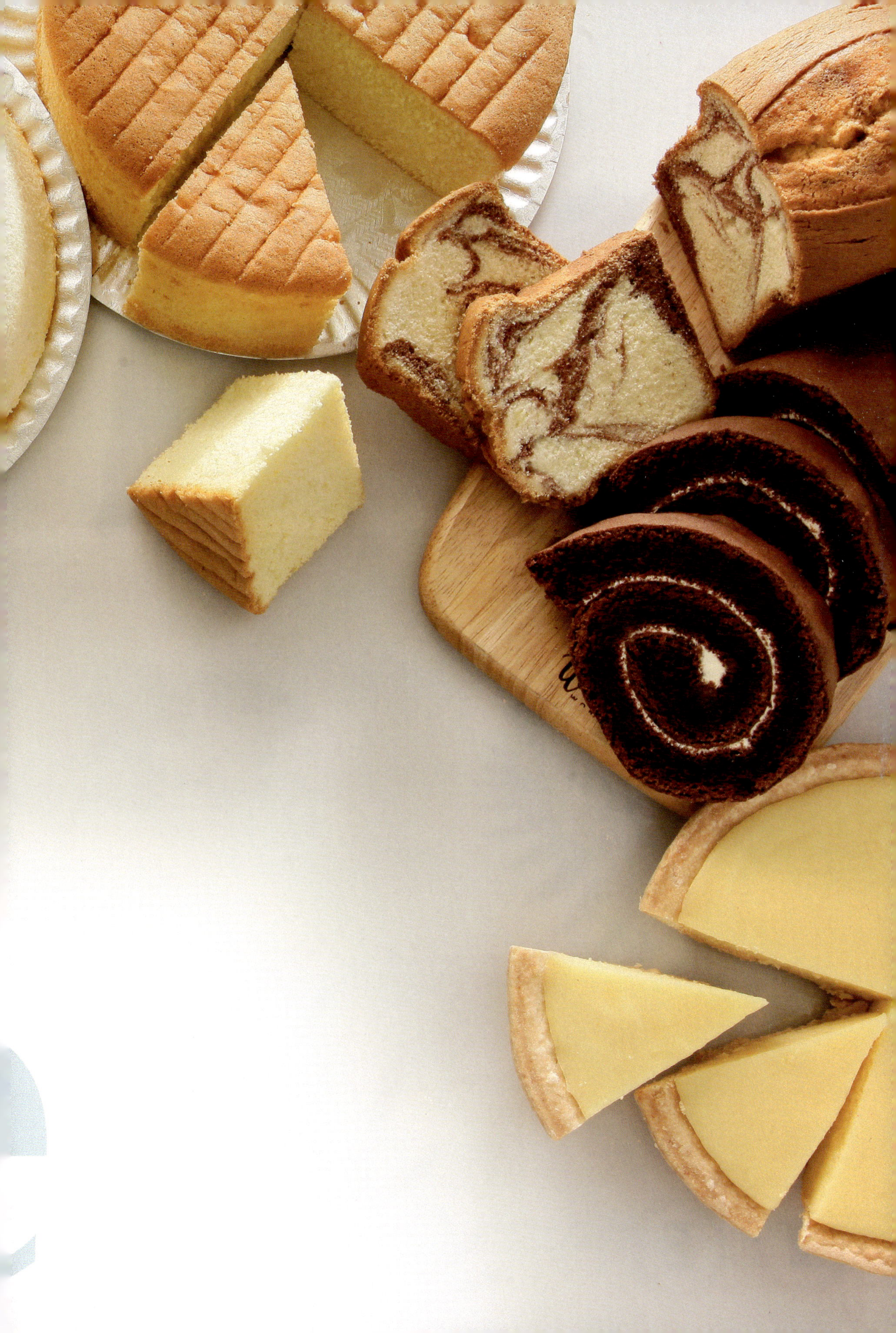

A 巧克力戚風蛋糕捲 (077-900302A)

試題 製作麵糊重 (1)1800 公克 (2)1900 公克 (3)2000 公克，巧克力戚風蛋糕捲一盤。

特別規定

① 奶油霜飾由辦理單位提供，奶油霜飾限用 300 公克。
② 成品先捲後切成 2 條，每條長度 30±1 公分，表皮需在外。
③ 蛋糕體高度不足 1 公分者，以零分計。
④ 表皮嚴重裂開或脫皮超過 20% 以上者，以零分計。
⑤ 蛋糕捲中央切開中心有空洞且寬度超過 0.5 公分者，以零分計。

題型分析　※ 依據專業性應檢須知 - 第二條 - 第 3 項的規定：請詳見 P.07。

◆ 製作麵糊重 1800 公克，計算材料秤量容差，要算入損耗 10%。
◆ 奶油霜飾考場提供，限用 300 公克。

使用材料表

項目	材料名稱	規格
1	糖	細砂糖
2	雞蛋	洗選蛋或液體蛋
3	麵粉	低筋
4	奶油霜飾	使用奶油或人造奶油、烤酥油製作，軟硬適中。
5	油脂	沙拉油
6	玉米澱粉	

項目	材料名稱	規格
7	可可粉	鹼化，pH7.5±0.3
8	奶粉	全脂或脫脂
9	鹽	精鹽
10	膨脹劑	小蘇打
11	塔塔粉	純度 95％以上
12	香草香料	香草精或香草粉

蛋糕 A — 巧克力戚風蛋糕捲

烘焙計算

題目	麵糊重量	製作數量	（1－損耗）	總百分比	係數
(1)	1800 公克	× 1 盤	÷ （1－10％）	÷ 653	= 3.1
(2)	1900 公克				3.2
(3)	2000 公克				3.4

配方 & 百分比

分類	原料名稱	百分比 (％)	1800 公克 (g)	1900 公克 (g)	2000 公克 (g)
	係數		3.1	3.2	3.4
1	可可粉	22	68	70	75
	小蘇打①	2	6	6	7
	溫水	80	248	256	272
2	沙拉油	74	229	237	252
3	蛋黃	74	229	237	252
4	細砂糖①	50	155	160	170
	鹽	0.6	2	2	2
5	低筋麵粉	100	310	320	340
	小蘇打②	2	6	6	7
6	塔塔粉	0.4	1	1	1
	細砂糖②	100	310	320	340
7	蛋白	148	459	474	503
	合計	653	2024	2090	2220

77

技術士技能檢定烘焙食品丙級術科測試製作報告表

應檢人姓名：＿＿＿＿＿＿　術科測驗號碼：＿＿＿＿＿＿（在術科測驗通知單上）

（一）試題名稱：巧克力戚風蛋糕捲 1 盤，麵糊重 1800 公克，限用奶油霜飾 300 公克

（二）製作報告表

	原料名稱	百分比	重量（公克）	製作程序及條件
1	可可粉	22	68	※ 烘焙計算請參考 P.077。
	小蘇打①	2	6	1. 清洗用具、秤料、烤箱預熱，上火 180/ 下火 160℃。
	溫水	80	248	2. 烤盤鋪紙備用。（60×40 公分烤盤）。
2	沙拉油	74	229	3. 可可粉、小蘇打過篩加入溫水中拌勻加入沙拉油、蛋黃拌勻，再加入細砂糖①、鹽攪拌均勻，續篩入低筋麵粉、小蘇打拌勻，成可可麵糊。
3	蛋黃	74	229	
4	細砂糖①	50	155	
	鹽	0.6	2	
5	低筋麵粉	100	310	4. 塔塔粉、細砂糖②拌勻。
	小蘇打②	2	6	5. 蛋白倒入攪拌缸中，球狀，打 30 秒，加入一半的〔步驟4〕，中速打 2 分鐘，再加入剩下的〔步驟4〕中速 4 分鐘，共打 6 分鐘至濕性發泡。
6	塔塔粉	0.4	1	
	細砂糖②	100	310	6. 打發蛋白加入可可糊中拌勻。
7	蛋白	148	459	7. 倒入烤盤中，表面抹平、輕敲。
	合計	653	2024	8. 入爐：上火 180/ 下火 160℃，烤焙 25～30 分鐘，出爐、輕敲、脫模，放涼。
	奶油霜飾	限用 300		9. 撕除白報紙，抹上奶油霜，捲起。
				10. 切 2 條 30 公分蛋糕捲，完成。

小叮嚀

① 可可糊攪拌時要將細砂糖攪拌至融化，再加入粉類。
② 打發蛋白先取 1/3 加入可可糊中拌勻，再倒回打發蛋白中會比較容易拌勻也不易消泡。
③ 攪拌的手法是拿刮板，由外往自己的方向撈起，邊撈邊轉攪拌缸直到拌勻即可。
④ 入爐前須先輕摔使空氣跑出，蛋糕體的組織會較細緻。
⑤ 出爐後要先劃開蛋糕體移至出爐架上放涼，再從四個角落慢慢撕除白報紙才不易撕破，接著抹上奶油霜飾，這時候要注意表皮在底下不要抹錯面。
⑥ 奶油霜飾由考場提供，在家練習可以自己製作：奶油霜飾配方為無鹽奶油 100 公克、雪白油 100 公克、果糖或西點轉化糖漿 200 公克。

無鹽奶油、雪白油放入攪拌缸中。 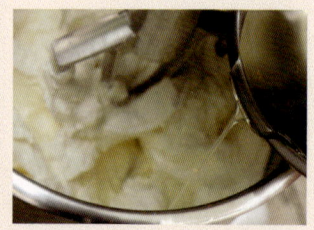　槳狀，高速 10 分鐘使顏色變白，邊打邊加入糖漿。 　續打 5 分鐘，使其呈現雪白色即完成。

⑦ 捲起蛋糕捲前，先劃三刀會比較容易捲出形狀，蛋糕也不易破裂。
⑧ 記得要拿擀麵棍為輔助，捲起白報紙再向前慢慢捲，捲至 1/3 時要往回推壓實再繼續捲，接著捲到 2/3 時再往回壓實，再將蛋糕捲捲完。
⑨ 切記要先捲再切 30 公分 2 條，且表皮要在外。
⑩ 蛋糕體的高度需 1 公分。

製作流程

* 清洗用具、秤料、烤箱預熱，上火 180/ 下火 160℃。

蛋糕 A — 巧克力戚風蛋糕捲

烤盤鋪紙

1. 烤盤鋪紙備用。(60×40 公分烤盤)

可可麵糊攪拌

2. 可可粉、小蘇打①過篩加入溫水中拌勻。

3. 加入沙拉油。

4. 加入蛋黃拌勻。

5. 再加入細砂糖①、鹽。

6. 拌至細砂糖融化。

7. 續篩入低筋麵粉、小蘇打②拌勻。

8. 攪拌均勻至無粉粒。

打發蛋白

9. 塔塔粉、細砂糖②拌勻。

10. 蛋白倒入攪拌缸中，球狀，打 30 秒。

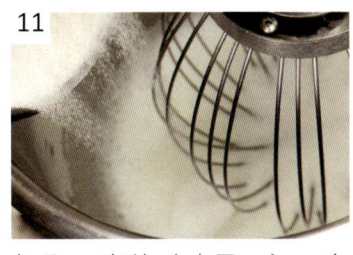

11. 加入一半的〔步驟 9〕，中速打 2 分鐘。

12. 再加入剩下的〔步驟 9〕中速 2 分鐘，檢查打發狀態。

混合

13. 再中速 2 分鐘，總共約 6 分鐘。

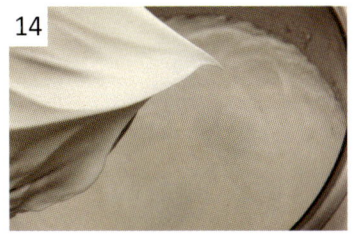

14. 蛋白打至呈現勾狀，濕性發泡。

15. 取 1/3 打發蛋白至可可麵糊中。

16 用刮板由下往上拌勻。

17 再將拌好的可可麵糊倒回打發蛋白攪拌缸中。

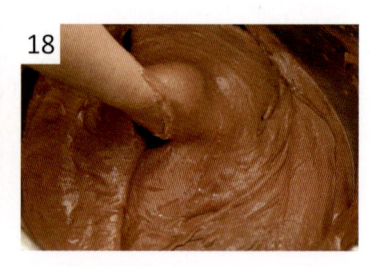

18 使用刮板由外往自己的方向撈起拌勻。

入　模

19 倒入烤盤中。

20 表面抹平、輕摔。

21　入　爐

入爐，
上火 180/ 下火 160℃，
烤 25～30 分鐘。

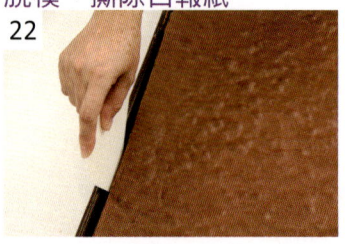

脫模、撕除白報紙

22 出爐後，將蛋糕左右兩側延著烤盤劃開。

23 雙手抓住兩邊的紙，對角拉起。

24 放在出爐架上，待涼。

整　型

25 放涼的蛋糕體上放上一張白報紙。

26 翻面，由四角開始撕除白報紙。

27 均勻抹上奶油霜。

28 靠向自己的蛋糕用鋸齒刀切 3 條線，不可切斷。

29 取擀麵棍將蛋糕拉起，向下壓緊。

30 往前捲約 1/3。

31 再往回收緊。

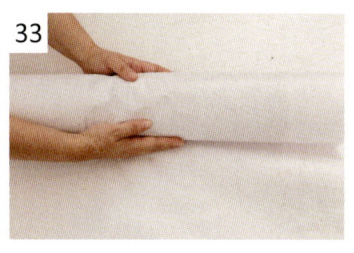

32 往前繼續捲約 2/3，再往回收緊。

33 將蛋糕捲完，用白報紙捲好。

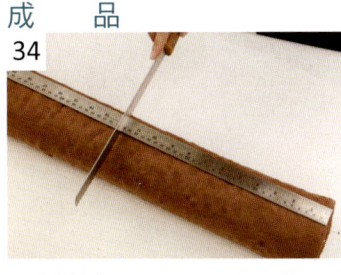

成　品

34 蛋糕捲切 30 公分長 2 條。

35 切面需有完整螺旋狀。

36 蛋糕體高度 1 公分。

蛋糕 A — 巧克力戚風蛋糕捲

🏅 評分標準

一、工作態度與衛生習慣 (20 分) ※ 請參考 P.07 之說明

二、配方制定 (10 分) ※ 請參考 P.07 之說明

1. 未填寫百分比、重量或製作程序者，本項以零分計。
2. 凡有下列各項情形之任一項者扣 5 分：
   (1) 未使用公制、(2) 原料不在規定範圍內、(3) 稱量不合規定。

三、操作技術 (20 分)

1. 動作純熟度佔 10 分。
2. 如有下列情形者每一項扣 3 分：
   (1) 攪拌時未停機變速、(2) 未量麵糊比重、(3) 烤爐未事先定溫度者、(4) 麵粉未過篩。

四、產品外觀品質 (30 分)

1. 有以下情形之一者，本項不予計分：
   (1) 蛋糕高度不足 1 公分、(2) 表面嚴重裂開或脫皮超過 20 % 以上、(3) 蛋糕捲中央切開中心有空洞，且寬度超過 0.5 公分。
2. 形狀 (10 分)，應摺捲粗細一致鬆緊適當，形狀完整：
   (1) 表面嚴重裂開者本項 (形狀) 以零分計、(2) 摺捲塗料 (如奶油霜) 外溢或汙染扣 2～4 分、(3) 摺捲粗細不一致者扣 2～4 分。
3. 體積 (10 分)，經烘烤後之成品應有適當膨脹體積，如有下列情形者扣分：
   (1) 麵糊經烘烤膨脹後未達 2 公分。
4. 顏色 (10 分)，宜均勻咖啡色，如有下列情形者各扣 3 分。
   (1) 焦黑或褐白而濕黏者、(2) 表面有斑點者、(3) 同一表皮顏色不均一者。

五、產品內部品質 (20 分)

1. 組織 (8 分)，宜細緻鬆軟而富有彈性，下列情形者各扣 3 分：
   (1) 鬆散且有不規則大氣孔、(2) 緊密而堅韌、(3) 層次鬆軟不一致。
2. 口感 (6 分)，應清爽可口不黏牙，鹹甜適中，有下列情形者各扣 4 分：
   (1) 乾燥或黏牙、(2) 咀嚼味道不良。
3. 風味 (6 分)，應具該種蛋糕特有之濃郁香味，有下列情形扣分：
   (1) 不良異味者扣 6 分、(2) 人工香料太重者扣 3 分、(3) 鹹味太重者扣 3 分、(4) 風味淡薄者扣 3 分、(5) 具焦苦味者扣 3 分。

B 大理石蛋糕 (077-900302B)

試題 製作每個麵糊重 500 公克長條形大理石蛋糕 (1)4 個 (2)5 個 (3)6 個。

特別規定

① 白麵糊與巧克力麵糊比例為 5：1。

② 巧克力麵糊需和白麵糊混合成大理石紋路，再倒入模型中。

③ 測試前監評人員應檢測模具容積（毫升）依比容積（烤模體積 / 麵糊重）2.2±0.1 確認麵糊重量。如需調整麵糊重量，每條麵糊可斟酌調整 ±50 公克，並記錄於術科測試監評人員監評前協調會議紀錄上。

④ 成品高度 60％需高於模具高度，否則以不良品計。

⑤ 無大理石條紋者，以不良品計。

題型分析 ※ 依據專業性應檢須知 - 第二條 - 第 3 項的規定：請詳見 P.07。

◆ 製作每個麵糊重 500 公克，計算材料秤量容差，要算入損耗 10％。

◆ 白麵糊與巧克力麵糊的比例為 5：1；每條蛋糕的白麵糊的重量為 500 公克；巧克力麵糊的重量為 500/(5+1) 公克，因為巧克力麵糊是總共 6 份中其中 1 份。

使用材料表

項目	材料名稱	規　　　　　　格
1	麵粉	低筋
2	糖	細砂糖、糖粉
3	雞蛋	洗選蛋或液體蛋
4	油脂	烤酥油、人造奶油或奶油
5	奶粉	全脂或脫脂
6	可可粉	鹼化，pH7.5±0.3

項目	材料名稱	規　　　　　　格
7	鹽	精鹽
8	乳化劑	蛋糕專用
9	合成膨脹劑	發粉
10	香草香料	香草精或香草粉
11	膨脹劑	小蘇打

烘焙計算

白麵糊：

題目	麵糊重量		製作數量		（1－損耗）		總百分比		係數
(1)	500 公克	×	4 個	÷	（1－10%）	÷	370.6	=	6
(2)			5 個						7.5
(3)			6 個						9

巧克力麵糊：

題目	麵糊重量		製作數量		（1－損耗）		總百分比		係數
(1)	500/(5+1) 公克	×	4 個	÷	（1－10%）	÷	107	=	3.5
(2)			5 個						4.3
(3)			6 個						5.2

配方 & 百分比

分類	原料名稱	百分比 (%)	4 個 (g)	5 個 (g)	6 個 (g)
	白麵糊係數		6	7.5	9
1	奶油	85	510	638	765
2	低筋麵粉	100	600	750	900
	泡打粉	1.6	10	12	14
3	糖粉	85	510	638	765
4	雞蛋	83	498	623	747
5	奶粉	1.6	10	12	14
	水	14.4	86	108	130
	合計	370.6	2224	2781	3335
	巧克力麵糊係數		3.5	4.3	5.2
6	可可粉	1.6	6	7	8
	小蘇打粉	0.4	1	2	2
	溫水	5	18	22	26
	白麵糊	100	350	430	520
合計		107	375	460	556

蛋糕 B ─ 大理石蛋糕

技術士技能檢定烘焙食品丙級術科測試製作報告表

應檢人姓名：＿＿＿＿＿＿　術科測驗號碼：＿＿＿＿＿＿（在術科測驗通知單上）

（一）試題名稱：長條形大理石蛋糕 6 個，每個麵糊 500 公克，白麵糊與巧克力麵糊比例為 5：1

（二）製作報告表

原料名稱		百分比	重量(公克)	製作程序及條件
白麵糊				※ 烘焙計算請參考 P.83。 1. 清洗用具、秤料、烤箱預熱，上火 170/下火 170℃。 2. 剪紙入烤模備用。 3. 白麵糊（粉油拌合法）： ①奶油放入攪拌缸中，漿狀，中速 3 分鐘，篩入低筋麵粉、泡打粉慢速 1 分鐘、中速 6 分鐘，續篩入糖粉慢速 1 分鐘、中速 6 分鐘。 （加入粉類時，每 2 分鐘刮缸一次）。 ②雞蛋分 4 次加入慢速打勻，再轉中速 3 分鐘。 ③奶粉、水攪拌均勻，慢速打勻，慢慢倒入邊打邊倒。 ④量比重 0.77。 4. 巧克力麵糊： ①可可粉、小蘇打粉、溫水調勻成可可膏。 ②將製做巧克力麵糊的白麵糊秤好，加入可可膏攪拌成巧克力麵糊。 5. 巧克力麵糊加入白麵糊中，由外往內撈起邊轉邊拌，拌四次即可。 6. 倒入烤模中，每個 500 公克，輕敲幾下。 7. 入爐：上火 170/下火 170℃，烤焙 20 分鐘，取出，中間劃一條線，調頭續烤 40～50 分鐘。 8. 出爐、輕敲、脫模，放至烤盤架上待涼、撕除白報紙，完成。
1	奶油	85	765	
2	低筋麵粉	100	900	
	泡打粉	1.6	14	
3	糖粉	85	765	
4	雞蛋	83	747	
5	奶粉	1.6	14	
	水	14.4	130	
	合計	370.6	3335	
巧克力麵糊				
6	可可粉	1.6	8	
	小蘇打粉	0.4	2	
	溫水	5	26	
	白麵糊	100	520	
	合計	107	556	

製作流程

＊清洗用具、秤料、烤箱預熱，上火 170/ 下火 170℃。

剪紙入烤模

1 白報紙 1 裁 4，再比模具高 1 公分處做記號，底部畫線摺出記號。

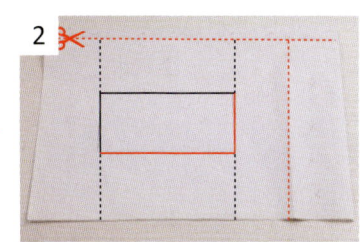

2 如圖示，黑色實線摺起，紅色實線向內縮 0.5 公分，摺起，黑虛線剪開。

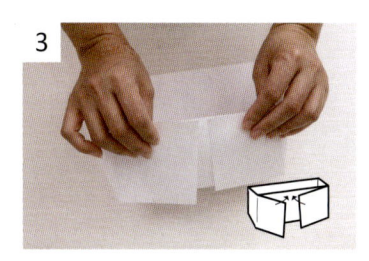

3 剪開後翻面，長邊在內短邊在外，摺起。

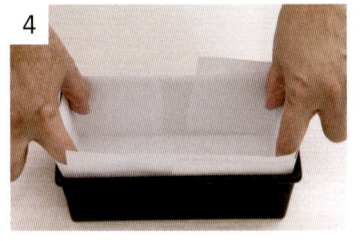

4 撐開四角，放入烤模中。

白麵糊製作 (油糖拌合法)

5 奶油放入攪拌缸中。

6 槳狀，中速 3 分鐘拌勻。

7 篩入低筋麵粉、泡打粉。

8 慢速 1 分鐘，轉中速 6 分鐘拌勻。

9 篩入糖粉。

10 慢速 1 分鐘，轉中速 6 分鐘拌勻。

11 慢速加入雞蛋，分 4 次加入。

12 加完後，轉中速 3 分鐘。

13 奶粉、水攪拌均勻。

14 步驟 13 慢速加入，邊打邊倒，慢慢倒。

15 將白麵糊打均勻，量比重 0.77。

蛋糕 B ─ 大理石蛋糕

85

巧克力麵糊

16 可可粉、小蘇打粉、溫水攪拌均勻成可可膏。

17 加入白麵糊攪拌均勻成巧克力麵糊。

18 倒回白麵糊中。

入模

19 使用刮刀，由外往內撈起，邊轉缸邊撈起。

20 只要攪拌 4～5 次即可，拌成大理石紋路。

21 使用刮板輔助裝入烤模中。

22 每個 500 公克。

23 撐住四角上下敲模，再用刮刀稍微抹平表面。

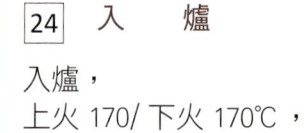

入爐

24 入爐，
上火 170/ 下火 170℃，
烤焙 20 分鐘。

出爐、脫模、撕除白報紙

25 取出，中間劃一刀，調頭續烤 40 ～ 50 分鐘。

26 出爐。（輕敲一下）

27 蛋糕脫模倒烤盤架上，待涼。

28 撕除白報紙。

29 完成。

> **小叮嚀**
>
> ① 製作白麵糊時，加入粉類材料時，都要每 2 分鐘停下刮缸，才能有效將麵糊拌勻。
> ② 看蛋糕的份數決定打幾分鐘，當加入糖粉時，如是製作 4 個需打 6 分鐘、如是製作 5 個需打 7 分鐘、如是製作 6 個需打 8 分鐘，蛋糕數量越多打的時間相對越久。
> ③ 量比重為 0.77，意指使用同樣 100 毫升的量杯，一杯裝水、一杯裝麵糊，兩杯皆裝到 100ml 的量，量水重為 100 公克，量麵糊重為 77 公克。
> ④ 巧克力麵糊需和白麵糊混合成大理石紋路，再倒入模型中，不可以在烤模中混合。
> ⑤ 入爐前須先重摔使空氣跑出。

評分標準

一、工作態度與衛生習慣 (20 分)※ 請參考 P.07 之說明

二、配方制定 (10 分)※ 請參考 P.07 之說明

1. 未填寫百分比、重量或製作程序者，本項以零分計。

2. 凡有下列各項情形之任一項者扣 5 分：
   (1) 未使用公制、(2) 原料不在規定範圍內、(3) 稱量不合規定。

三、操作技術 (20 分)

1. 動作純熟度佔 10 分。

2. 如有下列情形者每一項扣 3 分：
   (1) 攪拌時未停機變速、(2) 未量麵糊比重、(3) 烤爐未事先定溫度者、(4) 麵粉未過篩。

四、產品外觀品質 (30 分)

1. 有以下情形之一者，本項不予計分：
   (1) 成品高度 60% 需高於模具高度、(2) 無大理石紋路者。

2. 形狀 (10 分)，長方形，頂部隆起成弧狀或有整齊裂痕，有下列情形者各扣 4 分：
   (1) 頂部凹陷或平坦、(2) 表皮破損或缺口、(3) 四周收縮或上緣突出致形狀不良。

3. 體積 (10 分)，經烘烤後之成品應有適當膨脹體積，邊緣應高出烤模 1 公分，未達者扣分。

4. 顏色 (10 分)，應均勻，褐黃色或褐黑色相間，如有下列情形各扣 4 分：
   (1) 過焦或過淺而濕黏、(2) 表面有斑點者、(3) 同一表皮顏色不均。

五、產品內部品質 (20 分)

1. 組織 (8 分)，應細緻鬆軟而富有彈性，大理石條紋明顯均勻，下列情形者扣分：
   (1) 鬆散而粗糙扣 5 分、(2) 緊密而無堅韌扣 5 分、(3) 切面之大理石花紋或分布不良者扣 5 分、(4) 有不規則大氣孔者扣 3 分、(5) 有水線者扣 3 分。

2. 口感 (6 分)，應清爽可口不黏牙，鹹甜適中，有下列情形者各扣 4 分：
   (1) 乾燥或黏牙、(2) 咀嚼味道不良。

3. 風味 (6 分)，應具該種蛋糕特有之濃郁香味，有下列情形扣分：
   (1) 不良異味者扣 6 分、(2) 人工香料味太重者扣 2 分、(3) 鹹味太重者扣 2 分、(4) 風味淡薄者扣 2 分。

C 海綿蛋糕 (077-900302C)

試題 製作每個麵糊重 550 公克，直徑 8 吋海綿蛋糕 (1)3 個 (2)4 個 (3)5 個。

🎯 特別規定

①測試前監評人員應檢測模具容積 (毫升) 依比容積 (烤模體積 / 麵糊重)4.1±0.1 確認麵糊重量。如需調整麵糊重量，每條麵糊可斟酌調整 ±50 公克，並記錄於術科測試監評人員監評前協調會議紀錄上。
②成品邊緣高度未達烤模高度者，以不良品計。
③底部有顆粒沈澱或組織粗糙者，以不良品計。
④內部色澤不均勻者，以不良品計。

題型分析

※ 依據專業性應檢須知 - 第二條 - 第 3 項的規定：請詳見 P.07。

◆ 製作麵糊重 550 公克，計算材料秤量容差，要算入損耗 10%。

使用材料表

項目	材料名稱	規　　　　　格
1	糖	細砂糖
2	雞蛋	洗選蛋或液體蛋
3	麵粉	低筋
4	油脂	沙拉油
5	蛋黃	洗選蛋或液體蛋黃

項目	材料名稱	規　　　　　格
6	玉米澱粉	
7	奶粉	全脂或脫脂
8	鹽	精鹽
9	香草香料	香草精或香草粉

蛋糕 C　海綿蛋糕

烘焙計算

題目	麵糊重量		製作數量		（1 －損耗）		總百分比		係數
(1)			3 個						4.4
(2)	550 公克	×	4 個	÷	（1 － 10%）	÷	418.5	=	5.8
(3)			5 個						7.3

配方 & 百分比

分類	原料名稱	百分比 (%)	3 個 (g)	4 個 (g)	5 個 (g)
	係數		4.4	5.8	7.3
1	雞蛋	200	880	1160	1460
	細砂糖	90	396	522	657
2	低筋麵粉	80	352	464	584
	玉米粉	20	88	116	146
3	奶粉	1.4	6	8	10
	水	12.6	55	73	92
	沙拉油	14	62	81	102
	香草精	0.5	2	3	4
	合計	418.5	1841	2427	3055

技術士技能檢定烘焙食品丙級術科測試製作報告表

應檢人姓名：＿＿＿＿＿＿　術科測驗號碼：＿＿＿＿＿＿（術科測驗通知單上）

（一）試題名稱：海綿蛋糕 4 個，每個麵糊重 550 公克，直徑 8 吋

（二）製作報告表

	原料名稱	百分比	重量（公克）	製作程序及條件
1	雞蛋	200	1160	※ 烘焙計算請參考 P.89。 1. 清洗用具、秤料、烤箱預熱，上火 180/下火 160℃。 2. 剪紙入烤模備用。 3. 麵糊使用溫蛋法製作。 4. 雞蛋、細砂糖邊攪拌邊隔水加熱到 40～45℃，倒入攪拌缸中，球狀，快速 6 分鐘，轉中速 3 分鐘，分次篩入低筋麵粉、玉米粉拌勻。 5. 奶粉、水、沙拉油、香草精攪拌均勻，加入麵糊中攪拌均勻。 6. 倒入烤模中，每個 550 公克，輕摔，使用湯匙把表面氣泡清除。 7. 入爐：上火 180/下火 160℃，烤焙 30 分鐘，調頭續烤 5～10 分鐘。 8. 出爐、重摔、倒扣放網架、待涼。 9. 脫模、撕除白報紙，完成。
	細砂糖	90	522	
2	低筋麵粉	80	464	
	玉米粉	20	116	
3	奶粉	1.4	8	
	水	12.6	73	
	沙拉油	14	81	
	香草精	0.5	3	
	合計	418.5	2427	

小叮嚀

① 白報紙建議 1 裁 4 再剪紙模，畫紙模時使用活動的底模畫即可；如果考場提供的是固定模，除了用剪紙的方法也可以用塗油、撒粉的方式，來幫助脫模時較好脫模。

② 隔水加熱雞蛋、細砂糖時，一定要一直攪拌避免雞蛋凝結，且溫度不可過高，需維持恆溫在 40～45℃，只需加熱到砂糖融化，即可打發。

③ 麵糊打發的狀態一定要可以用麵糊畫出一個 8 且不會消失，這樣的狀態才有確實打發。

④ 篩入粉類時，一定要分次慢慢篩入再使用刮刀拌入，才不會結顆粒狀，全部篩完後改用刮板確實拌勻，動作輕、速度快，以免拌勻太久導致消泡。

⑤ 秤重時，先拿一個鋼盆放在秤上，再放入活動烤模，可以避免秤好拿取時弄倒。

⑥ 續烤的時間，需看烤的蛋糕數量而定，烤越多個續烤時間可以加長，反之減少。

⑦ 剛出爐的蛋糕，膨脹高度會高出烤模，出爐後輕敲，震出蛋糕中的水氣，在桌面平放靜置 30 秒，再倒扣放涼，表面會較平整。

⑧ 脫模時，在桌面墊上擰乾的抹布墊著，用輕敲的方式慢慢將蛋糕敲出，不要硬拔開，正常敲一圈在推一下活動模蛋糕就會順勢脫模。

⑨ 完成的海綿蛋糕，放在蛋糕紙上。

⑩ 成品邊緣高度要達到烤模高度，且內部色澤需均勻。

製作流程

* 清洗用具、秤料、烤箱預熱，上火 180/ 下火 160℃。

剪紙入烤模

1. 白報紙 1 裁 4。
2. 使用蛋糕模具底盤畫出圓。
3. 剪下。
4. 放入模具中。

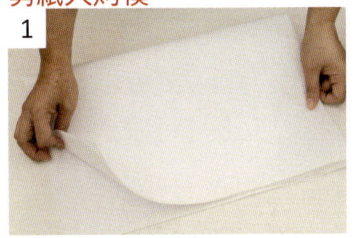

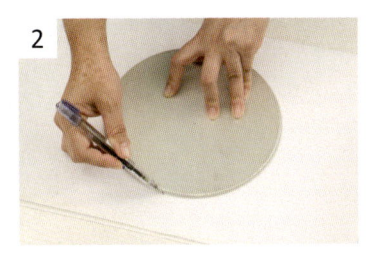

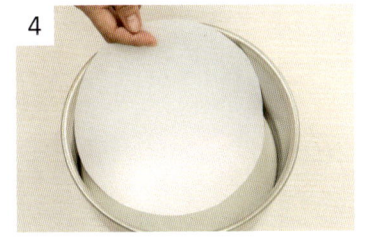

麵糊製作 (溫蛋法)

5. 準備兩個鋼盆，小的加入雞蛋隔水加熱。
6. 加入細砂糖。
7. 邊加熱邊攪拌，直到細砂糖融化，約 40～45℃。
8. 蛋液倒入攪拌缸中。
9. 球形，快速 6 分鐘，再轉中速 3 分鐘。
10. 打至畫 8 不會消失。
11. 將低筋麵粉、玉米粉混合。
12. 步驟 11 分次篩入麵糊中。
13. 使用刮刀由下往上拌勻。
14. 取另一缸盆加入奶粉、水拌勻。
15. 續加沙拉油。

蛋糕 C　海綿蛋糕

16 再加入香草精，攪拌均勻。

17 取一些麵糊加入奶粉水中拌勻。

18 再倒回攪拌缸中。

入　模

19 使用刮板由下往上拌勻。

20 拿一缸盆放在枰上，再放入模具扣重，每個550公克。

21 使用湯匙或叉子將表面氣泡去除。

22 有除泡和沒有除泡的差距，除泡後麵糊較細緻。

23 入　爐

入爐，
上火180/下火160℃，
烤焙30分鐘，
調頭續烤5～10分鐘。

24 出　爐

出爐，重敲，倒扣放在網架上待涼。

脫模、撕除白報紙

25 取一放涼蛋糕，延邊緣下壓蛋糕。

26 桌面墊布，側面直立，輕敲，邊敲邊轉敲一圈。

27 輕輕推底部活動板，將蛋糕推出。

28 整個蛋糕脫模。

29 將底部活動板拿起。

30 撕除白報紙，完成。

評分標準

一、工作態度與衛生習慣（20 分）※ 請參考 P.07 之說明

二、配方制定（10 分）※ 請參考 P.07 之說明

1. 未填寫百分比、重量或製作程序者，本項以零分計。
2. 凡有下列各項情形之任一項者扣 5 分：
   (1) 未使用公制、(2) 原料不在規定範圍內、(3) 稱量不合規定。

三、操作技術（20 分）

1. 動作純熟度佔 10 分。
2. 如有下列情形者每一項扣 3 分：
   (1) 攪拌時未停機變速、(2) 未量麵糊比重、(3) 烤爐未事先定溫度者、(4) 麵粉未過篩。

四、產品外觀品質（30 分）

1. 有以下情形之一者，本項不予計分：
   (1) 成品邊緣高度未達烤模高度者、(2) 底部有顆粒沉澱或組織粗糙者、(3) 內部色澤不均勻者。
2. 形狀（10 分），形狀完整中央隆起，如有下列情形者各扣 4 分：
   (1) 表面凹陷或平坦、(2) 底部凹陷、(3) 表面破裂或缺口。
3. 體積（10 分），經烘烤後之蛋糕邊緣與烤模邊緣等高，其中央應高出烤模 1 公分：
4. 顏色（10 分），應均勻，黃褐色，如有下列情形各扣 4 分。
   (1) 過焦或太白而濕黏、(2) 表面有斑點者、(3) 同一表皮顏色不均。

五、產品內部品質（20 分）

1. 組織（8 分），應細緻鬆軟而富有彈性，如有下列情形者每項扣 3 分：
   (1) 粗糙而鬆散、(2) 緊密而堅韌、(3) 表皮太厚。
2. 口感（6 分），應清爽可口不黏牙、鹹甜適中，如有下列情形者扣 4 分：
   (1) 乾燥或黏牙、(2) 咀嚼味道不正常。
3. 風味（6 分），應具該種蛋糕特有之濃郁香味，有下列情形扣分：
   (1) 有異味者扣 6 分、(2) 香料味太重者扣 3 分、(3) 風味淡薄者扣 3 分。

D 香草天使蛋糕 (077-900302D)

試題 製作每個麵糊重 420 公克，直徑 8 吋空心天使蛋糕 (1)3 個 (2)4 個 (3)5 個。

特別規定

① 測試前監評人員應檢測模具容積（毫升）依比容積（烤模體積/麵糊重）3.8±0.1 確認麵糊重量。如需調整麵糊重量，每條麵糊可斟酌調整 ±50 公克，並記錄於術科測試監評人員監評前協調會議紀錄上。

② 不得添加任何油脂或蛋黃。

③ 成品高度未達烤模高度者，以不良品計。

④ 成品外表濕黏、黏牙及無彈性者，以不良品計。

題型分析

※ 依據專業性應檢須知 - 第二條 - 第 3 項的規定：請詳見 P.07。

◆ 製作麵糊重 420 公克，計算材料秤量容差，要算入損耗 10％。

蛋糕 D — 香草天使蛋糕

使用材料表

項目	材料名稱	規格
1	蛋白	洗選蛋或液體蛋
2	糖	細砂糖
3	麵粉	低筋
4	玉米澱粉	

項目	材料名稱	規格
5	鹽	精鹽
6	塔塔粉	
7	香草香料	香草精或香草粉

烘焙計算

題目	麵糊重量		製作數量		（1－損耗）		總百分比		係數
(1)			3 個						14
(2)	420 公克	×	4 個	÷	（1－10％）	÷	100	=	18.7
(3)			5 個						23.3

配方 & 百分比

分類	原料名稱	百分比（%）	3 個 (g)	4 個 (g)	5 個 (g)
	係數		14	18.7	23.3
1	鹽	0.4	6	7	9
	塔塔粉	0.5	7	9	12
	細砂糖	29	406	542	676
2	蛋白	50	700	935	1165
3	低筋麵粉	15	210	281	350
	玉米粉	5	70	94	117
	香草粉	0.1	1	2	2
	合計	100	1400	1870	2331

技術士技能檢定烘焙食品丙級術科測試製作報告表

應檢人姓名：＿＿＿＿＿＿ 術科測驗號碼：＿＿＿＿＿＿（在術科測驗通知單上）

（一）試題名稱：空心天使蛋糕 4 個，每個麵糊重 420 公克，直徑 8 吋

（二）製作報告表

	原料名稱	百分比	重量（公克）	製作程序及條件
1	鹽	0.4	7	1. 清洗用具、秤料、烤箱預熱，上火 180/ 下火 160℃。
	塔塔粉	0.5	9	2. 鹽、塔塔粉、細砂糖混合。
	細砂糖	29	542	3. 蛋白倒入攪拌缸中，球狀，中速 2 分，加入一半的混合砂糖，中速 1 分，加入剩下的混合砂糖，最後中速 2 分打至濕性發泡。
2	蛋白	50	935	4. 低筋麵粉、玉米粉、香草粉混合。
3	低筋麵粉	15	281	5. 將粉類分次篩入打發蛋白中，拌勻。
	玉米粉	5	94	6. 倒入烤模中，每個 420 公克，表面抹平。
	香草粉	0.1	2	7. 入爐：上火 180/下火 160℃，進爐前關掉底火，烤焙 25 分鐘，調頭續烤 5 分鐘。
	合計	100	1870	8. 出爐、輕敲、倒扣放網架、待涼，脫模。

※ 烘焙計算請參考 P.95。

製作流程

＊清洗用具、秤料、烤箱預熱，上火 180/ 下火 160℃。

麵糊製作

1 鹽、塔塔粉、細砂糖混合。

2 蛋白倒入攪拌缸中，球狀，中速 2 分。

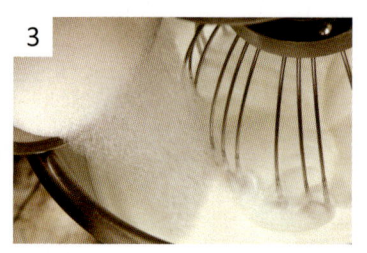

3 加入一半的混合砂糖，中速 1 分，再加入剩下的混合砂糖。

4 最後中速 2 分打至濕性發泡。

5 低筋麵粉、玉米粉、香草粉混合。

6 分次篩入打發蛋白中。

7 拌勻。

8 全部加入後，使用刮板由外往內撈起，確實拌勻。

9 入模前，先在鍋邊將麵糊推細緻。

入　　模

10 再挖取適當蛋白，這樣烤出來的蛋糕氣泡較細緻。

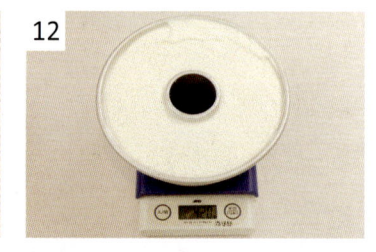

11 橫向放入模具中。

12 每個 420 公克。

13 用刮刀將表面抹平。

14 入爐、出爐

入爐，上火 180/ 下火 160℃，進爐前將底火關掉，烤焙 25 分鐘，調頭續烤 5 分鐘。

出爐，重敲，倒扣放在網架上待涼。

脫　　模

15 取一放涼蛋糕，桌面墊布，延邊緣下壓蛋糕。

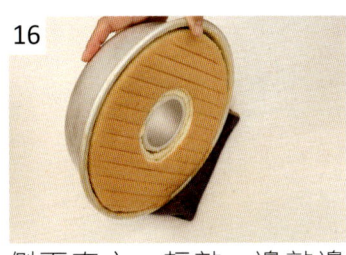

16 側面直立，輕敲，邊敲邊轉敲一圈。

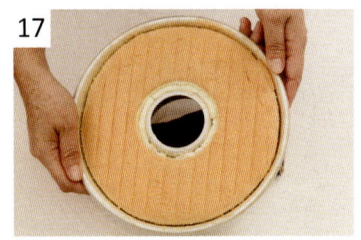

17 放平輕敲，確認中間的蛋糕有確實脫離模具。

18 整個蛋糕脫模。

小叮嚀

① 天使蛋糕是一款沒水分、油脂的蛋糕，所以要注意器具一定要洗淨、擦乾。
② 打好的麵糊，再入模前可以先用刮板在鍋邊將麵糊推細緻，再挖取入模，如此烤出來的蛋糕氣泡會更細緻。
③ 麵糊入模後可以使用湯匙、刮刀攪拌一下，讓中心多餘的空氣跑出，也可以使麵糊更均勻。
④ 入爐前，需先將底火關掉，才不會讓蛋糕太上色。
⑤ 脫模時，在桌面墊上擰乾的抹布墊著，用輕敲的方式慢慢將蛋糕敲出，正常敲一圈再推一下蛋糕就會順勢脫模。
⑥ 成品高度需達烤模高度。

評分標準

一、工作態度與衛生習慣 (20 分) ※ 請參考 P.07 之說明

二、配方制定 (10 分) ※ 請參考 P.07 之說明

1. 未填寫百分比、重量或製作程序者，本項以零分計。
2. 凡有下列各項情形之任一項者扣 5 分：
   (1) 未使用公制、(2) 原料不在規定範圍內、(3) 稱量不合規定。

三、操作技術 (20 分)

1. 動作純熟度佔 10 分。
2. 如有下列情形者每一項扣 3 分：
   (1) 攪拌時未停機變速、(2) 未量麵糊比重、(3) 烤爐未事先定溫度者、(4) 麵粉未過篩。

四、產品外觀品質 (30 分)

1. 有以下情形之一者，本項不予計分：
   (1) 成品不良率超過 20%（不良品標準見試題備註）。
2. 形狀 (10 分)，形狀完整中央隆起，如有下列情形者各扣 4 分：
   (1) 表面凹陷或平坦、(2) 底部凹陷、(3) 表面破裂或缺口。
3. 體積 (10 分)，經烘烤後之蛋糕邊緣與烤模邊緣等高，其中央應高出烤模 1 公分：
4. 顏色 (10 分)，應均勻，表皮呈褐黃色，如有下列情形每項扣 4 分。
   (1) 過焦或太白而濕黏、(2) 表面有斑點者、(3) 同一表皮顏色不均。

五、產品內部品質 (20 分)

1. 組織 (8 分)，應細緻鬆軟而富有彈性，有下列情形者每項扣 3 分：
   (1) 粗糙而鬆散、(2) 緊密而堅韌、(3) 表皮太厚。
2. 口感 (6 分)，應清爽可口不黏牙、鹹甜適中，如有下列情形者扣 4 分：
   (1) 乾燥或黏牙、(2) 咀嚼味道不正常。
3. 風味 (6 分)，應具該種蛋糕特有之濃郁香味，有下列情形扣分：
   (1) 不良異味者扣 6 分、(2) 人工香料味太重者扣 3 分。

蛋糕 D — 香草天使蛋糕

E 蒸烤雞蛋牛奶布丁 (077-900302E)

試題 製作烤模底部直徑 4.5 公分高 5.5 公分之布丁 (1)22 個 (2)20 個 (3)18 個，焦糖每個重量約 5 公克，成品脫模 5 個。

特別規定

① 烤模由辦理單位提供。
② 焦糖（砂糖用量為 100 公克）由應檢人自行製作，須具焦糖色但不得有苦味，否則以零分計。
③ 布丁餡液每個 90±10 毫升，成品（未脫模）須達烤模高度 80% 以上，否則以不良品計。
④ 成品（未脫模）表面裂開超過 10% 者，以不良品計。
⑤ 脫模後裂開或形狀崩塌，2 個（含）以上者，以零分計。

題型分析 ※ 依據專業性應檢須知 - 第二條 - 第 3 項的規定：請詳見 P.07

◆ 製作布丁液 90 毫升，計算材料秤量容差，要算入損耗 10%。
◆ 製作焦糖液，細砂糖用量為 100 公克，考生自己製作。

使用材料表

項目	材料名稱	規格
1	牛奶	鮮奶或保久乳
2	雞蛋	洗選蛋或液體蛋
3	糖	細砂糖
4	香草香料	香草精或香草粉

烘焙計算

題目	布丁液重量		製作數量		(1－損耗)		總百分比		係數
(1)	90毫升(公克)	×	22個	÷	(1－10%)	÷	175.5	=	12.5
(2)			20個						11.4
(3)			18個						10.3

配方 & 百分比

分類	原料名稱	百分比(%)	22個(g)	20個(g)	18個(g)
	布丁液係數		12.5	11.4	10.3
1	細砂糖	25	313	285	258
	鮮奶	100	1250	1140	1030
	香草精	0.5	6	6	5
2	雞蛋	50	625	570	515
	合計	175.5	2194	2001	1808
焦糖液（限用細砂糖100公克）					
3	細砂糖		100		
	水		40		
	合計		140		

蛋糕 E ― 蒸烤雞蛋牛奶布丁

技術士技能檢定烘焙食品丙級術科測試製作報告表

應檢人姓名：＿＿＿＿＿＿　術科測驗號碼：＿＿＿＿＿＿（術科測驗通知單上）

（一）試題名稱：蒸烤雞蛋牛奶布丁 20個，每個布丁液 90毫升，每個焦糖 5公克

（二）製作報告表

原料名稱		百分比	重量(公克)	製作程序及條件
布丁液				1. 清洗用具、秤料、烤箱預熱，上火170/下火170℃。
1	細砂糖	25	285	2. 布丁液製作：
	鮮奶	100	1140	①細砂糖、鮮奶、香草精小火加熱至40℃，邊加熱邊攪拌至砂糖融化。
	香草精	0.5	6	②雞蛋放入鋼盆中攪拌均勻。
2	雞蛋	50	570	③牛奶倒入雞蛋液中攪拌均勻，過篩，使用塑膠袋覆蓋表面，靜置30分鐘。
	合計	175.5	2001	
焦糖液				3. 焦糖液製作：
3	細砂糖	100(限用)		①細砂糖、水先浸潤。
	水		40	②煮至金黃色。
	合計		140	4. 焦糖液倒入烤模中，每個5公克；布丁液倒入烤模中，每個90公克。
※ 烘焙計算請參考 P.99。				5. 準備深烤盤，放入布丁，加水，使用水浴蒸烤法。
				6. 入爐：上火170/下火170℃，烤焙40分鐘。
				7. 出爐、待涼，取5個脫模，完成。

製作流程

*清洗用具、秤料、烤箱預熱，上火 170/ 下火 170℃。

布丁液製作

1 取一鋼盆加入細砂糖、鮮奶。

2 續加入香草精。

3 小火加熱至 40℃，邊加熱邊攪拌至砂糖融化。

4 雞蛋放入鋼盆中攪拌均勻。

5 牛奶倒入雞蛋液中攪拌均勻。

6 過篩。

7 使用塑膠袋覆蓋表面。

8 靜置 30 分鐘。

焦糖液製作

9 細砂糖、水先浸潤。

10 上爐小火煮融，如鍋邊有太焦的，用刷子沾水刷掉。

11 煮至金黃色熄火。

入模

12 焦糖液倒入烤模中，每個 5 公克。

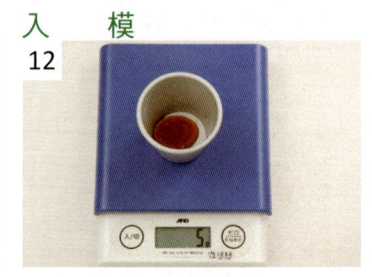

13 布丁液倒入烤模中，每個 90 公克。

入爐、出爐

14 準備深烤盤，放入布丁。

15 加水，使用水浴蒸烤法。

16

入爐，上火 170/下火 170℃，烤焙 40 分鐘。

出爐，取出放在烤盤上待涼，取 5 個放入冰箱冰冷。

脫　模

17

取一個用湯匙輕壓邊緣一圈。

18

倒扣在盤中，輕搖杯身脫模。(取 5 個脫模)

小叮嚀

① 小火加熱牛奶時，不要使用打蛋器，用刮刀攪拌即可，以免煮好的布丁液泡沫會很多。
② 找一個比鍋子大的塑膠袋，貼著布丁液表面覆蓋，靜置完拉掉塑膠袋時可以一併將表面泡沫去除。
③ 靜置布丁液可以避免烘烤時布丁鼓起，裝入烤模前建議再輕輕攪拌避免糖沉澱。
④ 布丁液裝入烤模時，可以使用湯匙擋住，來減少泡沫。
⑤ 焦糖液在煮時如鍋邊太焦可以使用沾水的刷子刷掉，避免焦糖液中有焦味。
⑥ 無論抽到哪一組題組，都必須先製作布丁，因為布丁須冰鎮後才能脫模。

蛋糕 E　蒸烤雞蛋牛奶布丁

評分標準

一、工作態度與衛生習慣 (20 分)※ 請參考 P.07 之說明

二、配方制定 (10 分)※ 請參考 P.07 之說明

1. 未填寫百分比、重量或製作程序者，本項以零分計。
2. 凡有下列各項情形之任一項者扣 5 分：
   (1) 未使用公制、(2) 原料不在規定範圍內、(3) 稱量不合規定。

三、操作技術 (20 分)

1. 動作純熟度佔 10 分。
2. 如有下列情形者每一項扣 5 分：
   (1) 未事先煮焦糖、(2) 蛋液未靜置。

四、產品外觀品質 (30 分)

1. 有以下情形之一者，本項不予計分：
   (1) 成品脫模後裂開或崩塌 2 個 (含) 以上、(2) 成品不良率超過 20%（不良品標準見試題備註）。
2. 形狀 (15 分)，大小一致，形狀整齊不破裂。
3. 顏色 (15 分)，呈金黃色，有下列情形者各扣 5 分：
   (1) 顏色呈乳白色、(2) 顏色呈咖啡色、(3) 焦糖顏色呈黑咖啡色、(4) 烤焙後表面呈霧狀。

五、產品內部品質 (20 分)

1. 焦糖不具焦糖色且有苦味，本項不予計分。
2. 組織 (7 分)，柔嫩，若有下列情形者各扣 5 分：
   (1) 孔洞太多、(2) 呈現顆粒蛋白。
3. 口感 (7 分)，黏牙或過於堅硬者扣分。
4. 風味 (6 分)，有下列情形者扣 5 分：
   (1) 風味不良、(2) 淡而無味扣 5 分。

101

F 泡芙 (奶油空心餅)(077-900302F)

試題
使用麵糊重 800 公克，製作成品直徑 6 公分 (含) 以上之泡芙 20 個。烤好後取 10 個切開中間填奶油布丁餡 (每個 50±5 公克)。
使用麵糊重 700 公克，製作成品直徑 6 公分 (含) 以上之泡芙 18 個。烤好後取 10 個切開中間填奶油布丁餡 (每個 50±5 公克)。
使用麵糊重 650 公克，製作成品直徑 6 公分 (含) 以上之泡芙 16 個。烤好後取 10 個切開中間填奶油布丁餡 (每個 50±5 公克)。

特別規定
①使用平口花嘴成形。
②應檢人需製作 550 公克奶油布丁餡，奶油布丁餡有焦味或未凝固或結顆粒者，以零分計。
③成品高度未達 5 公分者，以不良品計。
④未填餡之成品表面凹陷超過 10％者，以不良品計。

題型分析 ※ 依據專業性應檢須知 - 第二條 - 第 3 項的規定：請詳見 P.07。

◆製作麵糊 (1)800 公克 (2)700 公克 (3)650 公克，計算材料秤量容差，要算入損耗 10％。
◆製作奶油布丁餡 550 公克，考生自己製作，計算材料秤量容差，要算入損耗 10％。

使用材料表

項目	材料名稱	規格
1	麵粉	高筋、低筋
2	油脂	沙拉油、人造奶油或奶油、烤酥油
3	牛奶	鮮奶或保久奶
4	雞蛋	洗選蛋液體蛋

項目	材料名稱	規格
5	糖	細砂糖
6	玉米澱粉	
7	鹽	精鹽

蛋糕 F — 泡芙（奶油空心餅）

烘焙計算

麵糊：

題目	麵糊總重量	÷	(1 － 損耗)	÷	總百分比	=	係數
(1)	800 公克	÷	(1 － 10%)	÷	436	=	2
(2)	700 公克						1.8
(3)	650 公克						1.7

奶油布丁餡：

布丁餡總重量	÷	(1 － 損耗)	÷	總百分比	=	係數
550 公克	÷	(1 － 10%)	÷	167.5	=	3.6

配方 & 百分比

分類	原料名稱	百分比 (%)	800 公克 (g)	700 公克 (g)	650 公克 (g)
麵糊係數			2	1.8	1.7
1	水	100	200	180	170
	鹽	1	2	2	2
	奶油	75	150	135	128
2	高筋麵粉	50	100	90	85
	低筋麵粉	50	100	90	85
3	雞蛋	160	320	288	272
合計		436	872	785	741
	奶油布丁餡係數			3.6	
4	牛奶	100		360	
	細砂糖	30		108	
	鹽	0.5		2	
5	玉米粉	12		43	
	雞蛋	20		72	
6	奶油	5		18	
合計		167.5		603	

技術士技能檢定烘焙食品丙級術科測試製作報告表

應檢人姓名：_____ 術科測驗號碼：_____（在術科測驗通知單上）

（一）試題名稱：泡芙 20 個，麵糊總重 800 公克，奶油布丁餡共 550 公克，
（二）製作報告表 取 10 個切開填餡，每個布丁餡 50±5 公克

	原料名稱	百分比	重量（公克）	製作程序及條件
	麵糊			※ 烘焙計算請參考 P.103。
1	水	100	200	1. 清洗用具、秤料、烤箱預熱，上火 200/下火 190℃。
	鹽	1	2	2. 使用量杯沾高粉定位。
	奶油	75	150	3. 麵糊製作：
2	高筋麵粉	50	100	①水、鹽、奶油加熱至大滾，篩入高筋麵粉、低筋麵粉，不熄火快速拌勻，約 40 秒。
	低筋麵粉	50	100	②將麵糊放入攪拌缸中，槳狀，分次加入雞蛋，中速拌勻。
3	雞蛋	160	320	③秤所有麵糊重量除以 20 個，計算出每顆重量，裝入擠花袋，平口花嘴擠在定位好的烤盤上。
	合計	436	872	④整型，入爐：上火 200/下火 190℃，入爐前先關底火，烤焙 25～30 分鐘。出爐、放涼、備用。
	奶油布丁餡			4. 奶油布丁餡製作：
4	牛奶	100	360	①牛奶、細砂糖、鹽加熱至糖融化，約 60℃。
	細砂糖	30	108	②玉米粉、雞蛋攪拌均勻，將熱牛奶沖入，邊加邊攪拌，上爐煮熟。
	鹽	0.5	2	③熄火，加入奶油拌勻，使用保鮮膜貼著布丁餡表面備用。
5	玉米粉	12	43	5. 組合：取放涼的泡芙 10 個橫剖切開，奶油布丁餡裝入擠花袋中擠入，每個 50 公克，完成。
	雞蛋	20	72	
6	奶油	5	18	
	合計	167.5	603	

小叮嚀

①使用量杯沾上高粉在烤盤上面定位，以便後續擠上麵糊：

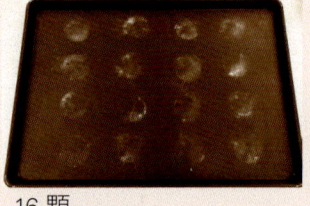

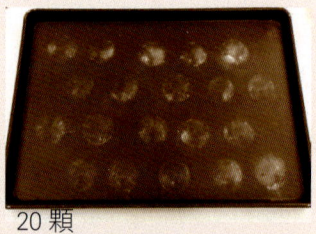

16 顆　　18 顆　　20 顆

②水、鹽、奶油一定要加熱至大滾，再篩入麵粉，用意是將麵粉燙熟糊化，泡芙烤焙才會膨脹。

③煮好的麵糊不能降溫太冷，須維持在 60℃ 左右，且煮好的狀態會是 QQ 的質地。

④打勻的麵糊先秤重，總重除 20 個（18 個/16 個），來計算每個泡芙的重量，因麵糊總量會因試題有所改變，所以建議打好後秤重再來計算，以減少誤差。

⑤擠麵糊時，須離烤盤約 1 公分的距離，烤出來的泡芙才不會外翻，且要將麵糊擠高一點：

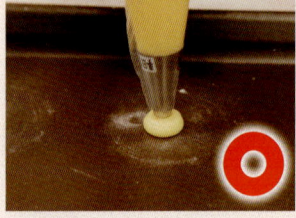

正確的　　錯誤的　　烤好的成品比較圖

⑥泡芙烤焙時不可將爐門打開，須等到膨脹上色後才可以打開爐門。

製作流程

＊清洗用具、秤料、烤箱預熱，上火 200/ 下火 190℃。

蛋糕 F─泡芙（奶油空心餅）

烤盤做記號

1. 使用量杯沾高粉定位。

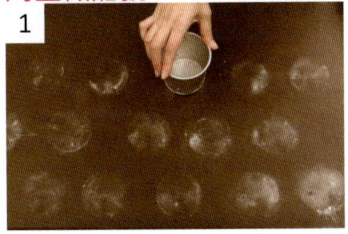

麵糊製作

2. 水、鹽、奶油放入鋼盆中。
3. 加熱至大滾。
4. 篩入高筋麵粉、低筋麵粉。
5. 不熄火快速拌勻。
6. 約 40 秒，煮至麵糊捲起。
7. 將麵糊降溫至 60℃，入攪拌缸中，槳狀。
8. 分 2 次加入雞蛋，中速拌勻。
9. 要確實拌勻。
10. 拌好的麵糊會呈現片狀，不具有流性。
11. 秤所有麵糊重量除以 20 個。
12. 裝入擠花袋中，使用平口花嘴，扣重。

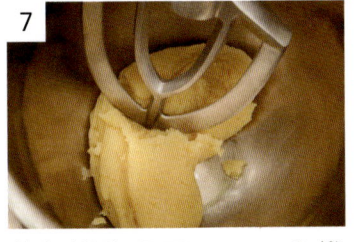

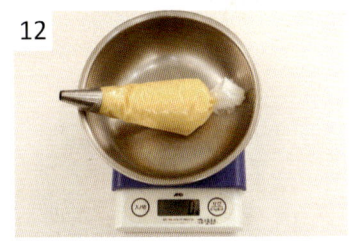

整型

13. 擠在做好記號的烤盤上。
14. 每個重量約 41 公克（試題不同重量會有差異）。
15. 擠完後噴水。

16 將麵糊頂部突起壓平、整型。

17 入爐
入爐，上火 200/下火 190℃，入爐前先關底火，烤焙 25～30 分鐘。

出爐，取出放在網架上待涼，備用。

泡芙成品
18 泡芙成品底部直徑 6 公分。

19 泡芙成品高度 5 公分。

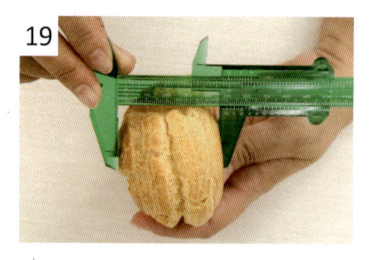

奶油布丁餡
20 牛奶、細砂糖、鹽混合，加熱至糖融化，約 60℃。

21 玉米粉、雞蛋放入鋼盆中。

22 攪拌均勻至無粉粒。

23 沖入熱牛奶。

24 邊加邊攪拌。

25 回爐煮熟至濃稠、起泡。

26 熄火，加入奶油拌勻。

27 使用保鮮膜貼著布丁餡表面備用。

組合
28 取放涼的泡芙 10 個，橫剖切開。

29 奶油布丁餡裝入擠花袋中擠入。

30 每個 50 公克，完成。

評分標準

一、工作態度與衛生習慣 (20 分) ※ 請參考 P.07 之說明

二、配方制定 (10 分) ※ 請參考 P.07 之說明

1. 未填寫百分比、重量或製作程序者，本項以零分計。
2. 凡有下列各項情形之任一項者扣 5 分：
   (1) 未使用公制、(2) 原料不在規定範圍內、(3) 稱量不合規定。

三、操作技術 (20 分)

1. 動作純熟度佔 10 分。
2. 如有下列情形者每一項扣 3 分：
   (1) 麵糊未量溫度、(2) 烤爐未事先定溫度者、(3) 麵粉未過篩。

四、產品外觀品質 (30 分)

1. 有以下情形之一者，本項不予計分：
   (1) 成品不良率超過 20%（不良品標準見試題備註）。
2. 體積 (9 分)：
   (1) 未達麵糊 4 倍者扣 2 分、(2) 未達麵糊 3 倍體積者扣 4 分。
3. 形狀 (9 分)，底部應闊圓平整。
   (1) 不挺立者扣 2～4 分、(2) 龜裂痕跡不明顯者扣 2 分、(3) 頂端平而有腰者扣 2 分、(4) 多粒黏合一起者扣 2 分、(5) 底部呈凹陷者扣 3 分。
4. 顏色 (4 分)，顏色慘淡無光澤扣分。
5. 烤焙程度 (4 分)，應色澤一致：
   (1) 底部顏色過淺或過焦，不均勻者扣 3 分、(2) 頂部顏色過淺或過焦，不均勻者扣 3 分。
6. 表皮質 (4 分)，應鬆酥不具韌性：
   (1) 過分柔軟而無鬆酥性者扣分。

五、產品內部品質 (20 分)

1. 奶粉布丁餡有焦味、未凝固或結顆粒，本項不予計分。
2. 口感 (10 分)，應求爽口、鹹甜適中、不黏牙、不濕黏，如有下列情形者各扣 5 分。
3. 組織與結構 (10 分)，應求中空，如有下列情形者各扣 5 分：
   (1) 內部呈網狀結構、(2) 組織粗糙多顆粒。

蛋糕 F 泡芙（奶油空心餅）

G 檸檬布丁派 (077-900302G)

試題　製作 7 吋檸檬布丁派 (1)5 個 (2)4 個 (3)3 個，派皮每個重 200～250 公克，派餡每個重量 500 公克。

特別規定

①派皮需為切油拌粉 (看得到油顆粒) 製作之產品。
②剩餘派皮超過 10% 者，以零分計。
③成品破碎超過 20% 者，以不良品計。
④內餡需為熱充填，表面不平整或不凝固或結顆粒或堅硬如羊羹者，以零分計。
⑤表面冷卻後裂開超過 20% 者，以不良品計。

題型分析

※ 依據專業性應檢須知 - 第二條 - 第 3 項的規定：請詳見 P.07。

◆製作每個派皮 200～250 公克。
◆製作每個派餡 500 公克，計算材料秤量容差，要算入損耗 10%。

使用材料表

項目	材料名稱	規　　　　　　格
1	麵粉	高筋、低筋
2	油脂	烤酥油、人造奶油或奶油
3	砂糖	細砂糖、糖粉
4	雞蛋	洗選蛋或液體蛋

項目	材料名稱	規　　　　　　格
5	玉米澱粉	
6	奶粉	全脂或脫脂
7	鹽	精鹽
8	檸檬汁	

烘焙計算

派皮：

題目	派皮重量	×	製作數量	÷	總百分比	=	係數
(1)	250 公克	×	5 個	÷	200	=	6.3
(2)			4 個				5
(3)			3 個				3.8

派餡：

題目	派餡重量	×	製作數量	÷	(1－損耗)	÷	總百分比	=	係數
(1)	500 公克	×	5 個	÷	(1－10％)	÷	170.5	=	16.3
(2)			4 個						13
(3)			3 個						9.8

配方 & 百分比

分類	原料名稱	百分比（％）	5 個(g)	4 個(g)	3 個(g)
	派皮係數		6.3	5	3.8
1	高筋麵粉	50	315	250	190
	低筋麵粉	50	315	250	190
2	鹽	2	2	10	8
	細砂糖	3	3	15	11
3	奶油	65	65	325	247
4	冰水	30	30	150	114
	合計	200	200	1000	760
	奶油布丁餡係數		16.3	13	9.8
5	奶粉	10	163	130	98
	水	90	1467	1170	882
6	細砂糖	28	456	364	274
	鹽	0.5	8	7	5
7	玉米粉	12	196	156	118
	雞蛋	20	326	260	196
8	奶油	5	82	65	49
9	檸檬汁	5	82	65	49
	合計	170.5	2779	2217	1671

蛋糕 G　檸檬布丁派

技術士技能檢定烘焙食品丙級術科測試製作報告表

應檢人姓名：_____ 測驗號碼：_____（在術科測驗通知單上）

（一）試題名稱： 檸檬布丁派 4 個，7 吋，每個派皮 200 ～ 250 公克，每個派餡 500 公克

（二）製作報告表

	原料名稱	百分比	重量(公克)	製作程序及條件
	派皮			※ 烘焙計算請參考 P.109。
1	高筋麵粉	50	250	1. 清洗用具、秤料、烤箱預熱，上火 180/ 下火 190℃。
	低筋麵粉	50	250	2. 先將奶油放入塑膠袋中擀平、冷凍備用。
2	鹽	2	10	3. 模具底部刷上奶油備用。
	細砂糖	3	15	4. 派皮 (切油拌粉)：
3	奶油	65	325	①高筋麵粉、低筋麵粉篩在桌上，加入鹽、細砂糖混合均勻，再加入奶油切碎成綠豆大小，用手搓散。
4	冰水	30	150	②築成粉牆加入冰水，混合均勻。
	合計	200	1000	③平均分成所需數量，每個約 250 公克，裝入塑膠袋，冷藏 15 ～ 20 分鐘。
	派餡			④取一派皮擀圓，比烤模寬 1 指，鋪上烤模底部，整型，用叉子戳洞。
5	奶粉	10	130	⑤入爐：
	水	90	1170	上火 180/ 下火 190℃，烤 25 分鐘，取出翻面續烤 3 ～ 5 分鐘(依上色程度調整)，出爐、放涼、備用。
6	細砂糖	28	364	5. 派餡：
	鹽	0.5	7	①奶粉、水、細砂糖、鹽拌勻，煮至 60℃。
7	玉米粉	12	156	②玉米粉過篩加入雞蛋拌勻，再加入奶水，回煮至熟、底部起泡，關火加入奶油、檸檬汁拌勻。
	雞蛋	20	260	6. 組合：派餡熱充填入派皮，每個 500 公克，表面抹平，完成。
8	奶油	5	65	
9	檸檬汁	5	65	
	合計	170.5	2217	

小叮嚀

①派模是使用反面來烤派皮。

②派皮製作需使用切油拌粉法，奶油先拿去冷凍可以避免融化速度太快，且水一定要用冰水；奶油切碎成綠豆狀後再用手搓成散沙狀，使白油與粉分布更均勻。

③粉牆中心的洞建議做大一點，將冰水倒入後再將粉往水上蓋住，整個蓋住再用手壓揉成糰。

④整型好的派皮可以先鬆弛 5 ～ 10 分鐘，可以避免烤時收縮太多。

⑤派皮烤時先烤 25 分鐘，取出翻面後續烤 3 分鐘，續烤時間要依當下上色程度作調整。

製作流程

* 清洗用具、秤料、烤箱預熱，上火 180/ 下火 190℃。

蛋糕 G — 檸檬布丁派

奶油冷凍

1 將奶油放入塑膠袋中擀平、冷凍備用。

模具上油

2 模具底部刷上奶油備用。

派皮製作

3 高筋麵粉、低筋麵粉篩在桌上。

4 加入鹽、細砂糖混合均勻。

5 再加入奶油切碎。

6 切成綠豆大小。

7 用手搓散，使奶油和粉類更均勻。

8 築成粉牆加入冰水。

9 再將粉往內蓋住冰水。

分割麵糰

10 重複用手按壓拌勻。

11 也可以切成數塊再混合使麵糰更加均勻。

12 分割麵糰，每個約 250 公克。

冷藏鬆弛

13 平均分成所需數量，裝入塑膠袋，冷藏鬆弛 15～20 分鐘。

整型麵糰

14 取一派皮擀圓，須比烤模外圍寬 1 指。

15 使用擀麵棍捲起。

111

16 鋪上烤模底部。

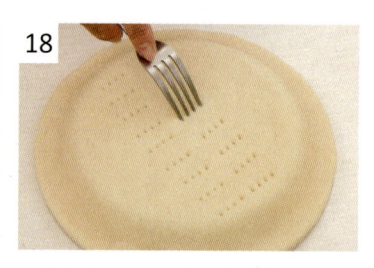

17 修掉多餘派皮。

18 用叉子在表面平均戳洞。

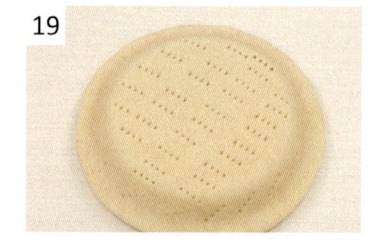

19 戳好後靜置 5 分鐘，烤焙時比較不會縮。

20 剩餘派皮不超過 10%。

21 入爐、出爐

入爐：上火 180/ 下火 190℃，烤焙 25 分鐘，取出翻面續烤 3～5 分鐘（依上色程度調整）。

出爐、放涼、備用。

內餡製作

22 奶粉、水攪拌均勻。

23 續加入細砂糖、鹽攪拌均勻。

24 煮至糖融化，約 60℃。

25 玉米粉過篩加入雞蛋拌勻。

26 再慢慢加入奶水，邊加邊攪拌。

27 回煮熟至濃稠、底部起泡。

組合

28 熄火加入奶油拌勻。

29 續加入檸檬汁拌勻。

30 派餡熱充填入派皮，每個 500 公克，表面抹平，完成。

112

評分標準

一、工作態度與衛生習慣(20分)※ 請參考 P.07 之說明

二、配方制定(10分)※ 請參考 P.07 之說明

1. 未填寫百分比、重量或製作程序者,本項以零分計。

2. 凡有下列各項情形之任一項者扣5分:
   (1) 未使用公制、(2) 原料不在規定範圍內、(3) 稱量不合規定。

三、操作技術(20分)

1. 動作純熟度佔10分。

2. 如有下列情形者每一項扣3分:
   (1) 派皮厚度不一、(2) 烤爐未事先定溫度者、(3) 進爐前未鬆弛。

四、產品外觀品質(30分)

1. 有以下情形之一者,本項不予計分:
   (1) 剩餘派皮超過10%、(2) 成品不良率超過20%(不良品標準見試題備註)

2. 形狀(8分),應完整,邊緣與派盤等大,有下列情形者,每一項扣3分:
   (1) 派皮邊緣太厚、(2) 派皮縮入派盤內緣、(3) 派皮底部隆起變形者、(4) 派皮不圓渾而有破碎者。

3. 顏色(7分),應具金黃色澤,有下列情形者,每一項扣4分:
   (1) 顏色過淺而不具焦黃色、(2) 顏色過深呈深褐色。

4. 烤焙均勻程度(7分),顏色深淺須一致,有下列情形者,每一項扣4分:
   (1) 焦黑而有斑點、(2) 底部與邊側顏色不均。

5. 酥性(8分),應酥鬆而呈片狀,有下列情形者,每一項扣3分:
   (1) 無片狀層次、(2) 酥硬而不鬆、(3) 脆硬而不酥鬆。

五、產品內部品質(20分)

1. 有以下情形之一者,本項不予計分:
   (1) 成品不良率超過20%(不良品標準見試題備註)。

2. 口感(6分),應呈奶黃色,而具有光澤透明感,如有下列情形者,每一項扣3分:
   (1) 光澤混濁不清、(2) 顏色太深。

3. 組織與結構(7分),應可切割,挺立而抖動,不可堅硬如羊羹,如有下列情形者,每一項扣分:
   (1) 堅硬缺乏彈性、(2) 凝凍而不挺立呈糊狀,難以切割。

4. 口味(7分),應酸甜合宜,且具有檸檬香味,有下列情形者,每一項扣3分:
   (1) 過酸而不甜、(2) 過甜而不酸、(3) 淡而無味、(4) 內餡不爽口呈糊狀,有黏嘴感。

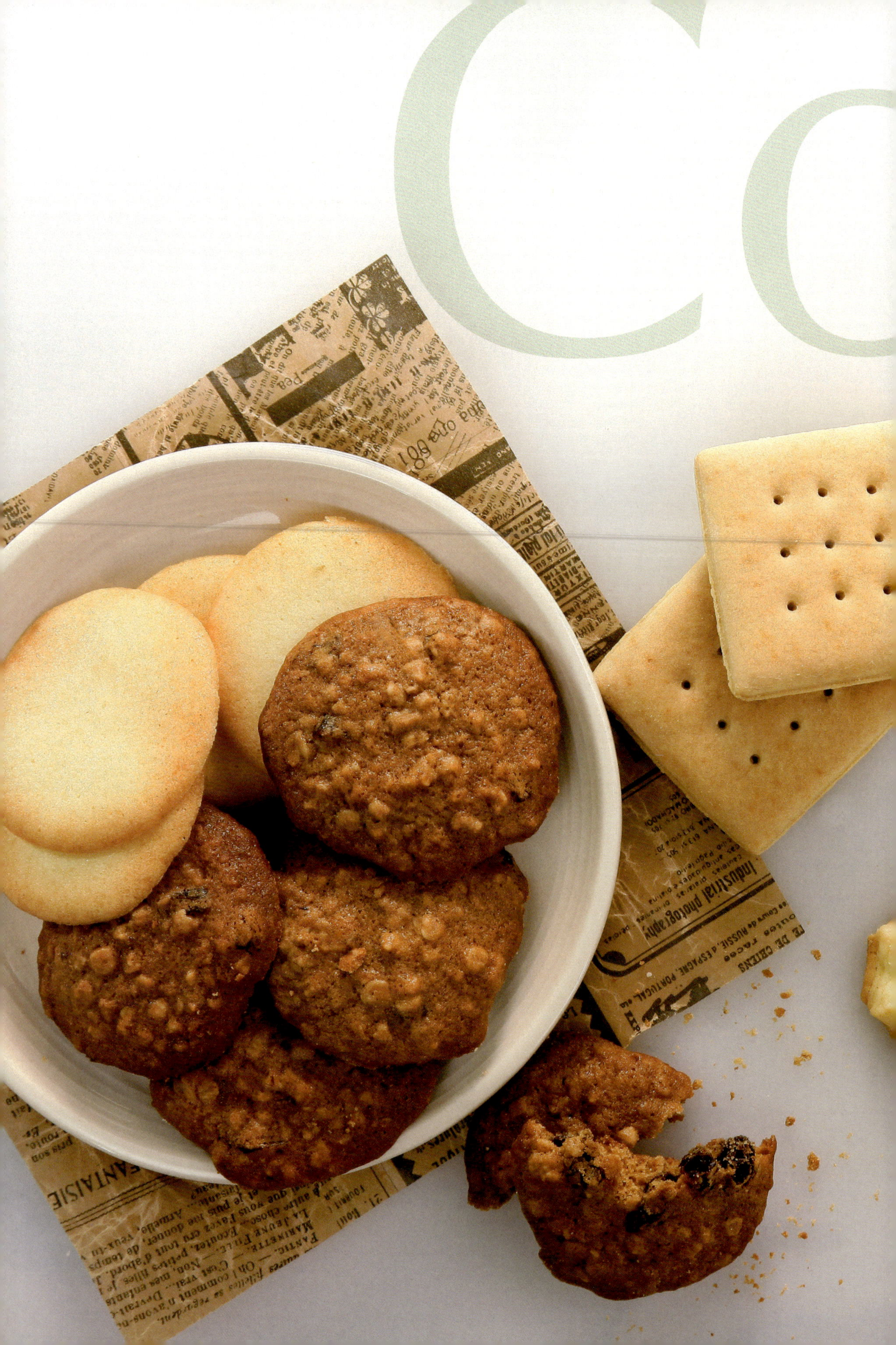
Co

餅乾 Cookie

- A　貓舌小西餅
- B　葡萄乾燕麥小西餅
- C　調味小餅乾
- D　擠注成型小西餅
- E　瑪琍餅乾
- F　蘇打餅乾
- G　椰子餅乾

A 貓舌小西餅 (077-900303A)

試題
限用 750 公克麵糊（不得另加損耗），以擠注成形法製作成品直徑 4±0.5 公分之圓形貓舌小西餅 120 片
限用 800 公克麵糊（不得另加損耗），以擠注成形法製作成品直徑 4±0.5 公分之圓形貓舌小西餅 130 片
限用 850 公克麵糊（不得另加損耗），以擠注成形法製作成品直徑 4±0.5 公分之圓形貓舌小西餅 140 片

特別規定

①成品限用兩個烤盤烤焙。
②剩餘麵糰需與成品同時繳交。
③應檢人員需在測試時間內待成品冷卻至室溫後繳交評審。
④有下列情形之一者，以不良品計：成品直徑不在規定範圍內，或成品不呈平整圓片狀，或週邊無擴展成尖薄狀者，或質地不硬脆者。

題型分析　※依據專業性應檢須知-第二條-第3項的規定：請詳見 P.07。

◆限用 750 公克麵糊／800 公克麵糊／850 公克麵糊（不得另加損耗）製做 120 片／130 片／140 片圓形貓舌小西餅。

使用材料表

項目	材料名稱	規格
1	麵粉	中筋、低筋
2	糖	細砂糖、糖粉
3	油脂	烤酥油、人造奶油或奶油 ※◎烤酥油（全素用）
4	蛋白	洗選蛋或液體蛋

項目	材料名稱	規格
5	乳化劑	大豆磷脂質或卵磷脂
6	◎鷹嘴豆汁液	鷹嘴豆（罐頭）
7	椰漿	椰漿（罐頭）

備註：標示※為蛋奶素材料　標示◎為全素材料

烘焙計算

題目	麵糊重量（限用）		總百分比		係數
(1)	750 公克	÷	375	=	2
(2)	800 公克				2.1
(3)	850 公克				2.3

配方 & 百分比

分類	原料名稱	百分比 (%)	120 片 /750g	130 片 /800g	140 片 /850g
	係數		2	2.1	2.3
1	奶油	90	180	189	207
	糖粉	90	180	189	207
2	蛋白	95	190	200	219
3	低筋麵粉	100	200	210	230
	合計	375	750	788	863

餅乾 A — 貓舌小西餅

技術士技能檢定烘焙食品丙級術科測試製作報告表

應檢人姓名：_____　術科測驗號碼：_____（在術科測驗通知單上）

（一）試題名稱：圓形貓舌小西餅 120 片，限用 750 公克麵糊（不得另加損耗），成品直徑 4±0.5 公分（擠注成形法）。

（二）製作報告表

	原料名稱	百分比	重量（公克）	製作程序及條件
1	奶油	90	180	※ 烘焙計算請參考 P.117。 1. 清洗用具、秤料、烤箱預熱，上火 200/ 下火 170℃。 2. 使用擀麵棍沾手粉在烤盤上定位。 3. 糖油拌合法製作。 4. 奶油、糖粉倒入攪拌缸中，槳狀，慢速 1 分鐘，再轉中速 3 分鐘。 5. 分 3 次加入蛋白，中速拌勻。 6. 篩好的低筋麵粉分 3 次加入，慢速拌勻。 7. 裝入擠花袋，用平口圓花嘴以扣重方式，擠在烤盤上，每個 2.5 公分，約 5 公克。 8. 輕摔烤盤使麵糊攤平，一盤約 60 片。 9. 入爐：上火 200/ 下火 170℃，底下墊 2 個烤盤，烤焙 7～9 分鐘。 10. 成品與剩餘麵糊一起繳回。
	糖粉	90	180	
2	蛋白	95	190	
3	低筋麵粉	100	200	
	合計	375	750	

製作流程

＊清洗用具、秤料、烤箱預熱，上火 200/ 下火 170℃。

烤盤定位

1 使用擀麵棍沾手粉在烤盤上定位。

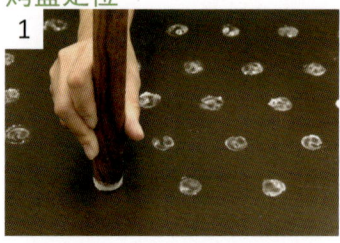

麵糊製作 (糖油拌合法)

2 奶油、糖粉倒入攪拌缸中。

3 槳狀，慢速 1 分鐘，再轉中速 3 分鐘。

4 分 3 次加入蛋白。

5 中速拌勻。

6 篩好的低筋麵粉分 3 次加入，慢速拌勻。

7 拌好後，裝入擠花袋，用平口圓花嘴。

整型

8 以扣重方式，擠在烤盤上，每個 2.5 公分，約 5 公克。

9 輕摔烤盤使麵糊攤平，一盤約 60 片。

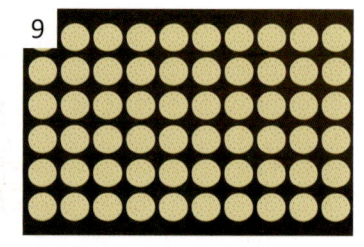

入爐、出爐

10 入爐，上火 200/ 下火 170℃，底下墊 2 個烤盤，烤焙 7～9 分鐘。

出爐，取出放在烤盤上待涼。

成品

11 成品直徑 4±0.5 公分。

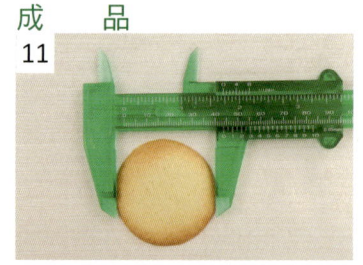

評分標準

一、工作態度與衛生習慣 (20 分) ※ 請參考 P.07 之說明

二、配方制定 (10 分) ※ 請參考 P.07 之說明

1. 未填寫百分比、重量或製作程序者，本項以零分計。
2. 凡有下列各項情形之任一項者扣 5 分：
   (1) 未使用公制、(2) 原料不在規定範圍內、(3) 稱量不合規定。

三、操作技術 (20 分)

*操作技術佔總評分 20 分。

四、產品外觀品質 (30 分)

1. 有以下情形之一者，本項不予計分：
   (1) 成品不良率超過 20%（不良品標準見試題備註）。
2. 形狀 (8 分)，宜呈平整圓片狀，周邊尖薄且整齊。
3. 體積 (7 分)，無往上膨脹現象，須擴展成圓薄片狀。
4. 顏色 (8 分)，整片呈金黃色澤，圓片四週輪廓明顯褐色，有下列情形者每一項各扣 4 分：
   (1) 金黃色澤太淡、(2) 輪廓顏色過焦、(3) 外觀蒼白或焦黑。
5. 烤焙程度 (7 分)，表面色澤均勻，冷卻後中心硬脆。

五、產品內部品質 (20 分)

1. 未烤熟，本項不予計分。
2. 組織 (7 分)，宜呈細緻密實，不可有大氣泡或原料成塊未散，有下列情形者每一項各扣 3 分：
   (1) 表面有大氣泡洞孔、(2) 糖粉或油脂不散、(3) 組織鬆散不脆硬。
3. 口感 (7 分)，宜呈硬脆質地，細膩不黏牙，口溶性好，如有下列情形者每一項各扣 4 分：
   (1) 過於堅硬、(2) 化口性不佳、(3) 黏牙或沙質粉狀。
4. 風味 (6 分)，宜具天然奶油或牛奶風味。

餅乾 A 貓舌小西餅

小叮嚀

① 麵糊定位的擺法：

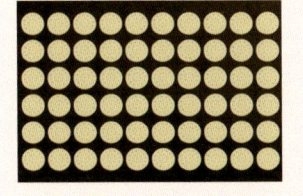

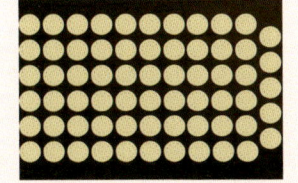

60 片 *2 盤 =120 片　　65 片 *2 盤 =130 片　　70 片 *2 盤 =140 片

② 使用擀麵棍沾手粉做記號，可以幫助擠麵糊時定位。
③ 限用 750 公克麵糊，不可算損耗，且剩餘麵糊需一併繳回。
④ 擠麵糊時要確定餅乾的數量，多做一片少做一片都不可以。
⑤ 擠出的大小約直徑 2.5 公分，烤焙後攤開的成品直徑 4±0.5 公分。

B 葡萄乾燕麥小西餅 (077-900303B)

試題　限用 1公斤麵糊 (不得另加損耗)，用擠注成形法製作每個麵糊重12±1公克，直徑 4±0.5 公分之圓形葡萄乾燕麥小西餅 70 片 (含) 以上，葡萄乾與燕麥片各佔麵粉 (1)60% (2)70% (3)80%。

特別規定
① 葡萄乾與燕麥片加入攪拌缸前，必須經由監評人員確認重量並蓋確認章。
② 監評人員需抽測應檢人擠注麵糊重量並記錄之。
③ 應檢人員需在測試時間內待成品冷卻至室溫後繳交評審。
④ 成品直徑大小差異 1 公分 (含) 以上者以不良品計：

題型分析
※ 依據專業性應檢須知 - 第二條 - 第 3 項的規定：請詳見 P.07。

◆ 限用 1 公斤麵糊，不得另加損耗，製做 70 片圓形葡萄乾燕麥紅糖小西餅。
◆ 葡萄乾與燕麥片各佔麵粉 60% /70% /80%。

使用材料表

項目	材料名稱	規格
1	麵粉	低筋
2	糖	二號細沙糖（二砂）、糖粉
3	油脂	烤酥油、人造奶油或奶油 ※◎烤酥油（全素用）
4	燕麥片	細、熟燕麥片 (oat meal)
5	葡萄乾	小顆
6	雞蛋	洗選蛋或液體蛋

項目	材料名稱	規格
7	奶粉	全脂或脫脂
8	合成膨脹劑	發粉
9	香草香料	香草精或香草粉
10	鹽	精鹽
11	膨脹劑	小蘇打
12	◎豆漿粉	無糖、全豆磨製成漿煮沸再乾燥（全素用）
13	◎鷹嘴豆汁液	鷹嘴豆（罐頭）

備註：標示 ※ 為蛋奶素材料　標示◎為全素材料

烘焙計算

題目	麵糊重量（限用）		總百分比		係數
(1)		÷	471	÷	2.123
(2)	1 公斤 (1000 公克)		491		2.037
(3)			511		1.957

配方 & 百分比

餅乾 B — 葡萄乾燕麥小西餅

分類	原料名稱	百分比 (%)	60% (g)	70% (g)	80% (g)
	係數		2.123	2.037	1.957
1	奶油	80	170	163	157
	二砂糖	90	191	183	176
	鹽	1.5	3	3	3
2	雞蛋	78	166	159	153
3	低筋麵粉	100	212	203	196
	泡打粉	1	2	2	2
	小蘇打粉	0.5	1	1	1
4	燕麥片	60/70/80	127	143	157
	葡萄乾	60/70/80	127	143	157
	合計	471/491/511	1000	1000	1000

技術士技能檢定烘焙食品丙級術科測試製作報告表

應檢人姓名：_____ 術科測驗號碼 _____（在術科測驗通知單上）

（一）試題名稱：葡萄乾燕麥小西餅 70 片，限用 1 公斤 麵糊（不得另加損耗），每個 12±1 公克（擠注成形法），葡萄乾與燕麥片各佔麵粉 60%。

（二）製作報告表

	原料名稱	百分比	重量 (公克)	製作程序及條件
1	奶油	80	170	1. 清洗用具、秤料、烤箱預熱，上火 180/ 下火 150℃。
	二砂糖	90	191	2. 葡萄乾泡水、擠乾水分、切碎。
	鹽	1.5	3	3. 油糖拌合法製作。
2	雞蛋	78	166	4. 奶油、二砂糖、鹽放入攪拌缸中，漿狀，中速 3 分鐘。
3	低筋麵粉	100	212	5. 加入雞蛋，中速打發 3 分鐘。
	泡打粉	1	2	6. 放低筋麵粉、泡打粉、小蘇打粉，慢速拌勻，再加入燕麥片、切碎葡萄乾，慢速拌勻。（請監評確認重量）
	小蘇打粉	0.5	1	7. 裝入擠花袋，以扣重方式，擠在烤盤上，每個 12 公克，共 70 片。
4	燕麥片	60	127	8. 輕摔烤盤、噴水、整型餅乾形狀。
5	葡萄乾	60	127	9. 入爐：上火 180/ 下火 150℃，烤焙 20-25 分鐘。
	合計	471	1000	10. 成品與剩餘麵糊一起繳回。

製作流程

＊清洗用具、秤料、烤箱預熱，上火 180/ 下火 150℃。

葡萄乾泡水

1. 葡萄乾泡水。

麵糊製作 (糖油拌合法)

2. 奶油、二砂糖、鹽放入攪拌缸中。

3. 槳狀，中速 3 分鐘。

4. 加入雞蛋，中速打發 3 分鐘。

5. 加入低筋麵粉、泡打粉、小蘇打粉，慢速拌勻。

6. 葡萄乾擠乾水分、切碎。

7. 加入燕麥片、切碎葡萄乾，慢速拌勻。

8. 裝入擠花袋，以扣重方式，擠在烤盤上，每個 12 公克。

9. 共 70 片。

整型

10. 輕摔烤盤，噴水。

11. 整型餅乾形狀。

入爐

12. 入爐，上火 180/ 下火 150℃，烤焙 20 ～ 25 分鐘。

成品

13. 成品與剩餘麵糊一起繳回。

評分標準

一、工作態度與衛生習慣（20 分）※ 請參考 P.07 之說明

二、配方制定（10 分）※ 請參考 P.07 之說明

1. 未填寫百分比、重量或製作程序者，本項以零分計。

2. 凡有下列各項情形之任一項者扣 5 分：
   (1) 未使用公制、(2) 原料不在規定範圍內、(3) 稱量不合規定。

三、操作技術（20 分）

＊操作技術佔總評分 20 分。

四、產品外觀品質（30 分）

1. 有以下情形之一者，本項不予計分：
   (1) 成品不良率超過 20%（不良品標準見試題備註）。

2. 形狀（10 分），表面略平，但有葡萄乾及燕麥片之部分凸起粗糙狀，四周邊緣不可尖薄破損，整片不得破裂。有下列情形者各扣 3 分：
   (1) 呈圓半球狀、(2) 四週邊緣太尖薄、(3) 成品易破裂或已破痕。

3. 體積（10 分），成品較生麵糰膨脹，約有 1.2 倍以上之膨脹度。

4. 顏色（10 分），宜呈深褐色，但不得烤成焦黑，四週邊緣顏色不可焦黑，有下列情形者每一項各扣 5 分：
   (1) 底部焦黑、(2) 外觀蒼白或無褐色。

五、產品內部品質（20 分）

1. 組織（6 分），宜呈均勻細緻酥鬆狀，葡萄乾分布均勻不剝落，有下列情形者每一項各扣 4 分：
   (1) 組織過於緊密、(2) 組織不均勻。

2. 口感（7 分），應求酥鬆稍具柔韌性，葡萄乾不得乾硬焦黑，如有下列情形者每一項各扣 4 分：
   (1) 過於堅硬、(2) 葡萄乾乾硬焦黑、(3) 易黏牙，易不溶於口中。

3. 風味（7 分），天然牛奶或香草香味，有下列情形 3 扣分。
   (1) 口味不正、(2) 淡而無味、(3) 其他異味。

小叮嚀

① 限用 1 公斤麵糊，不可算損耗，且剩餘麵糊需一併繳回。

② 擠麵糊時要確定餅乾的數量，多做一片少做一片都不可以。

③ 要注意餅乾的上色狀況，不可太過焦黑。

④ 葡萄乾與燕麥片加入攪拌缸前，必須經由監評人員確認重量並蓋確認章。

C 調味小餅乾 (077-900303C)

試題

限用 1.6 公斤發酵麵糰 (不得另加損耗)，製作麵皮 (不得扎洞)3±0.2 公分正方形、厚 0.25±0.05 公分之調味小餅乾 150 片 (含) 以上。

限用 1.5 公斤發酵麵糰 (不得另加損耗)，製作麵皮 (不得扎洞)3±0.2 公分正方形、厚 0.25±0.05 公分之調味小餅乾 140 片 (含) 以上。

限用 1.4 公斤發酵麵糰 (不得另加損耗)，製作麵皮 (不得扎洞)3±0.2 公分正方形、厚 0.25±0.05 公分之調味小餅乾 130 片 (含) 以上。

特別規定

①鹹調味料由辦理單位準備。
②麵糰配方中糖及油脂用量分別為麵粉用量之 3% 及 10% (含) 以下。
③膨脹劑限用酵母及小蘇打，發酵時間須超過 90 分鐘 (攪拌後至壓麵前)，應檢人需自行記錄並經監評人員蓋確認章。
④餅乾麵糰需經往復式壓麵機壓延折疊後，帶回工作檯成形。
⑤監評人員須抽測應檢人成形後麵皮厚度並紀錄之。
⑥剩餘麵糰需與成品同時繳交。
⑦應檢人員需在測試時間內待成品冷卻至室溫後繳交評審。
⑧有下列情形之一者，以不良品計：產品形狀大小不一致，或高低差 0.5 公分 (含) 以上，或質地不硬脆者。

題型分析

※ 依據專業性應檢須知 - 第二條 - 第 3 項的規定：請詳見 P.07。

◆限用 1.6 公斤 /1.5 公斤 /1.4 公斤麵糰，不得另加損耗，製做 150 片 /140 片 /130 片調味小餅乾。
◆糖及油脂用量分別為麵粉用量之 5% 及 15% 以下。

使用材料表

項目	材料名稱	規格
1	麵粉	中筋、低筋
2	油脂	烤酥油、人造奶油或奶油 ※◎烤酥油(全素用)
3	油脂	精製椰子油或棕櫚油
4	香蔥	乾燥細顆粒

項目	材料名稱	規格
5	酵母	新鮮酵母或即發酵母粉
6	鹹調味料	乳酪粉、◎胡椒鹽
7	鹽	精鹽
8	糖	細砂糖
9	膨脹劑	小蘇打

備註：標示※為蛋奶素材料　標示◎為全素材料

烘焙計算

題目	麵糰重量（限用）	總百分比	係數
(1)	1.6 公斤（1600 公克）÷	156.7 ÷	10.21
(2)	1.5 公斤（1500 公克）		9.57
(3)	1.4 公斤（1400 公克）		8.934

餅乾 C — 調味小餅乾

配方 & 百分比

配方 百分比因 糖 油 % 改變 需調整 重新計算

分類	原料名稱	百分比(%)	1.6 公斤(g)	1.5 公斤(g)	1.4 公斤(g)
	係數		10.21	9.57	8.934
1	中筋麵粉	100	1021	957	893
	奶油	10	102	96	89
	細砂糖	3	31	29	27
	小蘇打	0.5	5	5	4
	鹽	1	10	10	9
	乳酪粉	4	41	38	36
	乾燥蔥末	1	10	10	9
2	水	36	368	345	322
	酵母	1.2	12	11	11
	合計	156.7	1600	1500	1400

技術士技能檢定烘焙食品丙級術科測試製作報告表

應檢人姓名：＿＿＿＿＿　術科測驗號碼：＿＿＿＿＿（在術科測驗通知單上）

(一) 試題名稱：調味小餅乾 130 片，限用 1.4 公斤麵糰（不得另加損耗），麵皮 3±0.2 公分正方形、厚 0.25±0.05 公分之，取 110 片評分。

(二) 製作報告表

分類	原料名稱	百分比	重量(公克)	製作程序及條件
1	中筋麵粉	100	893	1. 清洗用具、秤料、烤箱預熱，上火 200/下火 170℃。
	奶油	10	89	2. 中筋麵粉、奶油、細砂糖、小蘇打、鹽、乳酪粉、乾燥蔥末放入攪拌缸中,槳狀,慢速2分鐘拌勻。
	細砂糖	3	27	3. 水、酵母攪拌均勻，加入麵糰中，慢速 5 分鐘攪拌均勻。
	小蘇打	0.5	4	4. 麵糰用塑膠袋包起，冷藏鬆弛 20 分鐘。
	鹽	1	9	5. 整型，使用壓麵機壓 3 折 3 次至麵皮光滑，再用塑膠袋包起，冷藏鬆弛 10 分鐘。
	乳酪粉	4	36	6. 取出麵糰，再用壓麵機壓到厚度 0.3 公分，放在桌面鬆弛 10 分鐘。
	乾燥蔥末	1	9	7. 切成長寬 3 公分之正方形，共 130，整齊排放在烤盤上。（請監評確認重量）。
2	水	36	322	8. 入爐：上火 200/下火 170℃，烤焙 10～12 分鐘。
	酵母	1.2	11	9. 出爐後，趁熱以考場提供的調味粉調味。
	合計	156.7	1400	10. 成品與剩餘麵糰一起繳回。

製作流程

* 清洗用具、秤料、烤箱預熱，上火 200/ 下火 170℃。

麵糰製作

1. 中筋麵粉、奶油、細砂糖、小蘇打、鹽、乳酪粉、乾燥蔥末放入攪拌缸中。

2. 槳狀，慢速 2 分鐘拌勻。

3. 水、酵母攪拌均勻。

4. 加入麵糰中，慢速 5 分鐘攪拌均勻。

5. 麵糰用塑膠袋包起，冷藏鬆弛 20 分鐘。

整型

6. 整型，使用壓麵機。

7. 壓 3 折 3 次。

8. 至麵皮光滑，再用塑膠袋包起，冷藏鬆弛 10 分鐘。

9. 取出麵糰，再用壓麵機壓到厚度 0.3 公分，放在桌面鬆弛 10 分鐘。

裁切

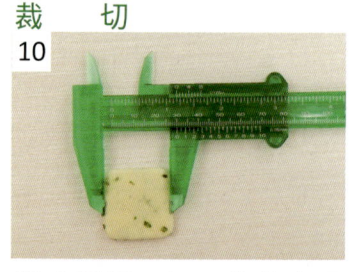

10. 切成長寬 3±0.2 公分之正方形。

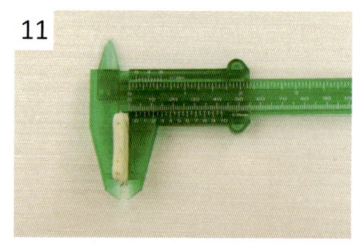

11. 厚 0.25±0.05 公分。請監評確認。

12. 剩餘麵糰繳交。

入爐

13. 切好餅乾排放在烤盤上，表面噴水。

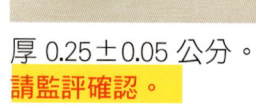

14. 入爐，上火 200/ 下火 170℃，烤焙 10～12 分鐘。

成品

15. 出爐後，趁熱以考場提供的調味粉調味。

評分標準

一、工作態度與衛生習慣(20分) ※請參考 P.07 之說明

二、配方制定(10分) ※請參考 P.07 之說明

1. 未填寫百分比、重量或製作程序者，本項以零分計。

2. 凡有下列各項情形之任一項者扣5分：
   (1)未使用公制、(2)原料不在規定範圍內、(3)稱量不合規定。

三、操作技術(20分)

＊操作技術佔總評分20分。

四、產品外觀品質(30分)

1. 有以下情形之一者，本項不予計分：
   (1)成品不良率超過20%(不良品標準見試題備註)。

2. 形狀(10分)，宜求平整，如有下列情形者每一項各扣5分：
   (1)過度變形彎曲、(2)表面有大氣泡。

3. 體積(10分)，宜大小適宜，高度適當。

4. 顏色(10分)，表面與底部顏色應求一致，有下列情形者每一項扣4分：
   (1)上下顏色不一致、(2)外觀蒼白或焦黑過深、(3)邊緣焦黑過深。

五、產品內部品質(20分)

1. 未烤熟，本項不予計分。

2. 組織(7分)，應求多孔，不得過於緊密。

3. 口感(7分)，應求脆性不黏牙，如有下列情形者每一項各扣4分：
   (1)過於堅硬、(2)易黏牙，易不溶於口中。

4. 風味(6分)，宜具鹹味、香味。

小叮嚀

① 壓過的麵糰，建議放入冰箱鬆弛，整型切割時比較不容易收縮。

② 須請監評人員抽測成形後麵皮厚度。

③ 限用1.6/1.5/1.4公斤麵糰，不可算損耗，且剩餘麵糰需一併繳回。

④ 切割麵糰時要確定餅乾的數量，多做一片少做一片都不可以。

⑤ 調味料要趁熱拌勻，冷掉會不好沾在餅乾上。

餅乾 C ─ 調味小餅乾

D 擠注成型小西餅 (077-900303D)

試題

限用 1 公斤麵糰 (不得另加損耗)，以尖齒花嘴成形，製作 3 種不同花樣成品直徑或長度 4±1 公分之奶油小西餅各 50 片 (含) 以上。

限用 1 公斤麵糰 (不得另加損耗)，以尖齒花嘴成形，製作 4 種不同花樣成品直徑或長度 4±1 公分之奶油小西餅各 40 片 (含) 以上。

限用 1 公斤麵糰 (不得另加損耗)，以尖齒花嘴成形，製作 5 種不同花樣成品直徑或長度 4±1 公分之奶油小西餅各 30 片 (含) 以上。

特別規定

①剩餘麵糰與成品同時繳交。

②應檢人員需在測試時間內待成品冷卻至室溫後繳交評審。

③有下列情形之一者，以不良品計：同一花樣產品，形狀大小不一致，或紋路不清晰者，或質地堅硬者。

題型分析

※ 依據專業性應檢須知 - 第二條 - 第 3 項的規定：請詳見 P.07。

◆ 限用 1 公斤麵糰，不得另加損耗，製做 3 種 /4 種 /5 種不同花樣，各 50/40/30 片擠注小西餅。

使用材料表

項目	材料名稱	規　　　格
1	麵粉	中筋、低筋
2	油脂	烤酥油、人造奶油或奶油 ※ ◎烤酥油（全素用）
3	糖	糖粉、細砂糖
4	雞蛋	洗選蛋或液體蛋
5	鹽	精鹽
6	合成膨脹劑	發粉

項目	材料名稱	規　　　格
7	香草香料	香草精或香草粉
8	奶粉	全脂或脫脂
9	椰漿	椰漿（罐頭）
10	◎鷹嘴豆汁液	鷹嘴豆（罐頭）
11	◎豆漿粉	無糖、全豆磨製成漿煮沸再乾燥（全素用）

備註：標示 ※ 為蛋奶素材料　　標示 ◎ 為全素材料

餅乾 D — 擠注成型小西餅

烘焙計算

題目	麵糰重量（限用）		總百分比		係數
(1)	1 公斤（1000 公克）	÷	230.5	÷	4.34
(2)	1 公斤（1000 公克）				4.34
(3)	1 公斤（1000 公克）				4.34

配方 & 百分比

分類	原料名稱	百分比 (%)	1 公斤 (g)	1 公斤 (g)	1 公斤 (g)
	係數		4.34	4.34	4.34
1	奶油	70	304	304	304
	糖粉	35	152	152	152
	鹽	0.5	2	2	2
2	雞蛋	24	104	104	104
3	香草粉	1	4	4	4
	低筋麵粉	100	434	434	434
	合計	230.5	1000	1000	1000

技術士技能檢定烘焙食品丙級術科測試製作報告表

應檢人姓名：_____ 術科測驗號碼：_____（在術科測驗通知單上）

（一）試題名稱：限用 1 公斤麵糰（不得另加損耗），以尖齒花嘴成形，製作 5 種不同花樣成品直徑或長度 4±1 公分奶油小西餅各 30 片。

（二）製作報告表

	原料名稱	百分比	重量(公克)	製作程序及條件
1	奶油	70	304	※ 烘焙計算請參考 P.129。 1. 清洗用具、秤料、烤箱預熱，上火 200/ 下火 170°C。 2. 糖油拌合法製作。 3. 奶油、糖粉、鹽倒入攪拌缸中，槳狀，中速 3 分鐘。 4. 加入雞蛋，中速 3 分鐘；加入過篩的香草粉、低筋麵粉，慢速 1 分拌勻。 5. 裝入擠花袋，用尖齒花嘴，製做 5 種花樣，每種 40 片，成品直徑 4±1 公分，每個重量約 5 公克。 6. 入爐：上火 200/ 下火 170°C，烤焙 10-12 分鐘。 7. 成品與剩餘麵糰一起繳回。
	糖粉	35	152	
	鹽	0.5	2	
2	雞蛋	24	104	
3	香草粉	1	4	
	低筋麵粉	100	434	
	合計	230.5	1000	

評分標準

一、工作態度與衛生習慣(20 分)※ 請參考 P.07 之說明

二、配方制定(10 分)※ 請參考 P.07 之說明

1. 未填寫百分比、重量或製作程序者，本項以零分計。
2. 凡有下列各項情形之任一項者扣 5 分：
   (1) 未使用公制、(2) 原料不在規定範圍內、(3) 稱量不合規定。

三、操作技術(20 分)

＊操作技術佔總評分 20 分。

四、產品外觀品質(30 分)

1. 有以下情形之一者，本項不予計分：
   (1) 成品不良率超過 20%（不良品標準見試題備註）。
2. 形狀(10 分)，如有下列情形者每一項各扣 4 分：
   (1) 表面有小黑點、(2) 大小不均一、(3) 紋路不清晰。
3. 體積(10 分)，均勻膨脹，不可有大氣泡，如有下列情形每一項各扣 5 分：
   (1) 未膨脹、(2) 膨脹過大。
4. 顏色(10 分)，呈黃金色，上下一致，有下列情形者每一項各扣 5 分：
   (1) 底部與表面顏色不一、(2) 外觀蒼白或焦黑。

五、產品內部品質(20 分)

1. 未烤熟，本項不予計分。
2. 組織(7 分)，細緻，不可成硬脆狀，有下列情形者每一項各扣 5 分：
   (1) 組織鬆散、(2) 組織不均勻。
3. 口感(7 分)，酥鬆，化口性良好，如有下列情形者每一項各扣 4 分：
   (1) 過於堅硬、(2) 化口性不佳。
4. 風味(6 分)，天然牛奶或奶油風味，有下列情形者每一項各扣 3 分：
   (1) 口味不正、(2) 淡而無味、(3) 其他異味。

製作流程

＊清洗用具、秤料、烤箱預熱，上火 200/ 下火 170℃。

麵糊製作 (糖油拌合法)

1 奶油、糖粉、鹽倒入攪拌缸中。

2 槳狀，中速 3 分鐘。

3 加入雞蛋，中速 3 分鐘。

4 香草粉、低筋麵粉混和過篩。

5 加入麵糊中，慢速 1 分拌勻。

6 裝入擠花袋，用尖齒花嘴，製做 5 種花樣，每種 40 片。第一種。

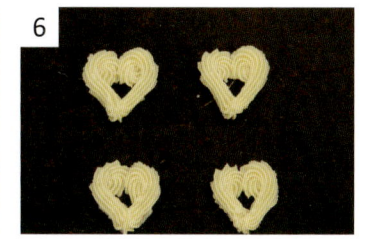

7 第二種。

8 第三種。

9 第四種。

10 第五種。

11 入爐

入爐：
上火 200/ 下火 170℃，
烤焙 10～12 分鐘。

成　品

12 成品與剩餘麵糰一起繳回。

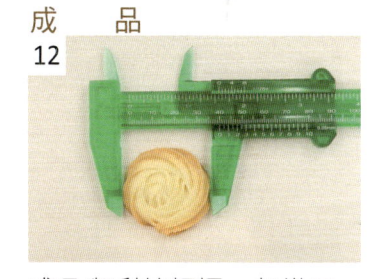

— 餅乾 D — 擠注成型小西餅

小叮嚀

① 限用麵糰，不可算損耗，且剩餘麵糰需一併繳回。

② 記得要確定餅乾的數量，多做一片少做一片都不可以。

③ 建議餅乾可以每一種擠一盤，上色才會均勻。

④ 成品直徑或長度 4±1 公分。

E 瑪琍餅乾 (077-900303E)

試題

限用 1.4 公斤麵糰 (不得另加損耗)，製作麵皮直徑 5.5 公分，厚 0.25±0.05 公分之圓形瑪琍餅乾 80 片 (含) 以上。

限用 1.3 公斤麵糰 (不得另加損耗)，製作麵皮直徑 5.5 公分，厚 0.25±0.05 公分之圓形瑪琍餅乾 70 片 (含) 以上。

限用 1.2 公斤麵糰 (不得另加損耗)，製作麵皮直徑 5.5 公分，厚 0.25±0.05 公分之圓形瑪琍餅乾 60 片 (含) 以上。

特別規定

①餅乾麵糰需經往復式壓麵機壓延折疊後，帶回工作檯成形。

②剩餘麵糰與成品同時繳交。

③應檢人需在測試時間內待成品冷卻至室溫後繳交評審。

④有下列情形之一者，以不良品計：成品彎曲不平坦或有裂紋者，或成品收縮直徑小於模具 80％，或最大直徑與最小直徑比超過 120％，或質地不硬脆，或表面的氣泡超過面積 10％或每片厚度超過 0.8 公分。

題型分析 ※ 依據專業性應檢須知 - 第二條 - 第 3 項的規定：請詳見 P.07。

◆限用 1.4 公斤 /1.3 公斤 /1.2 公斤麵糊，不得另加損耗，製做 80 片 /70 片 /60 片圓形瑪琍餅乾。

使用材料表

項目	材料名稱	規格
1	麵粉	中筋、低筋
2	油脂	烤酥油、人造奶油或奶油 ※ ◎烤酥油（全素用）
3	糖	糖粉、細砂糖
4	奶粉	全脂或脫脂
5	玉米澱粉	
6	糖漿	高果糖糖漿(Brix 75度，果糖含量90%)，或轉化糖漿

項目	材料名稱	規格
7	膨脹劑	碳酸氫銨
8	膨脹劑	小蘇打
9	鹽	精鹽
10	乳化劑	大豆磷脂質或卵磷脂
11	香草香料	香草精、香草粉
12	◎豆漿粉	無糖、全豆磨製成漿煮沸再乾燥（全素用）

備註：標示※為蛋奶素材料　標示◎為全素材料

烘焙計算

題目	麵糰重量（限用）		總百分比		係數
(1)	1.4公斤（1400公克）	÷	190	÷	7.37
(2)	1.3公斤（1300公克）				6.84
(3)	1.2公斤（1200公克）				6.316

餅乾 E　瑪琍餅乾

配方 & 百分比

分類	原料名稱	百分比(%)	1.4公斤(g)	1.3公斤(g)	1.2公斤(g)
	係數		7.37	6.84	6.316
1	低筋麵粉	100	737	684	632
	奶粉	5	37	34	32
	香草粉	0.5	4	3	3
	奶油	20	147	137	126
	鹽	0.5	4	3	3
	糖粉	10	74	68	63
2	糖漿（果糖）	25	184	171	158
3	水	28	206	192	177
	小蘇打粉	0.5	4	3	3
	碳酸氫銨	0.5	4	3	3
	合計	190	1400	1300	1200

技術士技能檢定烘焙食品丙級術科測試製作報告表

應檢人姓名：_____ 術科測驗號碼：_____（在術科測驗通知單上）

（一）試題名稱：圓形瑪琍餅乾 80 片，限用 1.4 公斤麵糰（不得另加損耗），直徑 5.5 公分厚 0.25±0.05 公分。

（二）製作報告表

原料名稱	百分比	重量(公克)	製作程序及條件
1 低筋麵粉	100	737	1. 清洗用具、秤料、烤箱預熱，上火200/下火170℃。
奶粉	5	37	2. 低筋麵粉、奶粉、香草粉、奶油、鹽、糖粉放入攪拌缸中，槳狀，慢速2分鐘。
香草粉	0.5	4	3. 糖漿倒入麵糰中，慢速1分鐘，打均勻。
奶油	20	147	4. 水、小蘇打粉、碳酸氫銨攪拌均勻，倒入麵糰中，中速5分鐘拌勻。
鹽	0.5	4	5. 麵糰用塑膠袋包起，冷藏鬆弛20分鐘。
糖粉	10	74	6. 整型，使用壓麵機壓3折3次至麵皮光滑，再用塑膠袋包起，冷藏鬆弛10分鐘。
2 糖漿（果糖）	25	184	7. 取出麵糰，再用壓麵機壓到厚度0.3公分，放在桌面鬆弛10分鐘。
3 水	28	206	8. 模具沾上手粉，壓出所需的數量，整齊排放在烤盤上。
小蘇打粉	0.5	4	9. 入爐：上火200/下火170℃，烤焙10-12分鐘。
碳酸氫銨	0.5	4	10. 成品與剩餘麵糊一起繳回。
合計	190	1400	

製作流程

＊清洗用具、秤料、烤箱預熱，上火 200/ 下火 170℃。

麵糰製作

1 低筋麵粉、奶粉、香草粉、奶油、鹽、糖粉放入攪拌缸中。

2 漿狀，慢速 2 分鐘。

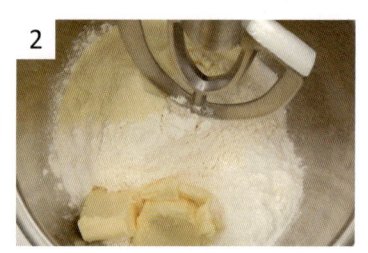

3 糖漿備用。

4 倒入麵糰中，慢速 1 分鐘，打均勻。

5 水、小蘇打粉、碳酸氫銨攪拌均勻。

6 倒入麵糰中，中速 5 分鐘拌勻。

整型

7 麵糰用塑膠袋包起，冷藏鬆弛 20 分鐘。

8 整型，麵糰表面撒上手粉。

9 刻度由大到小慢慢壓薄。

10 壓 3 折 3 次。

11 至麵皮光滑，再用塑膠袋包起，冷藏鬆弛 10 分鐘。

12 取出麵糰，再用壓麵機壓到厚度 0.3 公分，放在桌面鬆弛 10 分鐘。

裁 切

13 模具沾上手粉，壓成直徑 5.5 公分之圓形麵皮。

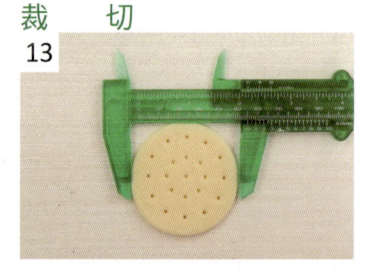

14 厚 0.25±0.05 公分之圓形麵皮。

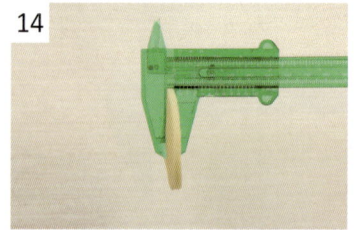

15 壓出所需的數量，整齊排放在烤盤上。

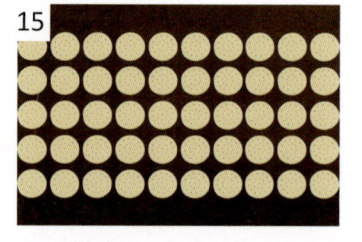

入　　爐
16

入爐，
上火 200/ 下火 170℃，
烤焙 10 ～ 12 分鐘。

剩餘麵糰
17

剩餘麵糰與成品一起繳回。

成　　品
18

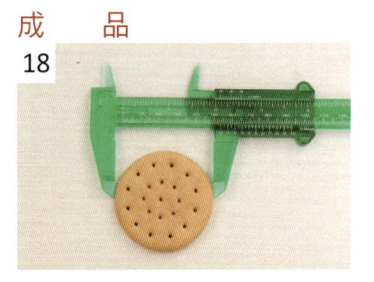

成品直徑 5.5 公分。

⭐ 評分標準

一、工作態度與衛生習慣 (20 分) ※ 請參考 P.07 之說明

二、配方制定 (10 分) ※ 請參考 P.07 之說明

1. 未填寫百分比、重量或製作程序者，本項以零分計。
2. 凡有下列各項情形之任一項者扣 5 分：
   (1) 未使用公制、(2) 原料不在規定範圍內、(3) 稱量不合規定。

三、操作技術 (20 分)

＊操作技術佔總評分 20 分。

四、產品外觀品質 (30 分)

1. 有以下情形之一者，本項不予計分：
   (1) 成品不良率超過 20%（不良品標準見試題備註）。
2. 形狀 (10 分)，表面平整，無氣泡，花紋清晰，如有下列情形者每一項各扣 4 分：
   (1) 表面含氣泡、(2) 表面有小黑點。
3. 體積 (10 分)，成品較生麵皮膨脹 2 倍，如有下列情形每一項各扣 5 分：
   (1) 體積膨脹未達標準、(2) 膨脹過大，致表面凹凸不平。
4. 顏色 (10 分)，表面與底部顏色應求一致之金黃色，有下列情形者每一項各扣 5 分：
   (1) 底部與表面顏色不一、(2) 外觀蒼白或焦黑過深。

五、產品內部品質 (20 分)

餅乾 E ── 瑪琍餅乾

📋 小叮嚀

① 限用 1.4/1.3/1.2 公斤麵糊，不可算損耗，且剩餘麵糰需一併繳回。
② 切割麵糰時要確定餅乾的數量，多做一片少做一片都不可以。
③ 餅乾擺放在烤盤上擺法：

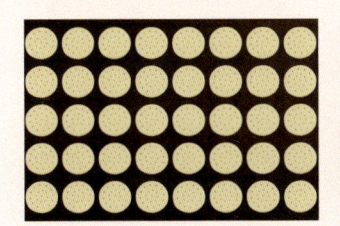

40 片 *2 盤 =80 片 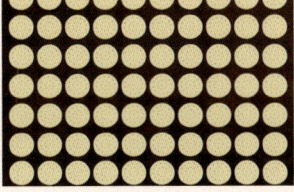　　70 片 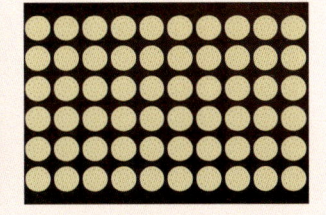　　60 片

F 蘇打餅乾 (077-900303F)

試題

限用 1.4 公斤麵糰 (不得另加損耗)，製作麵皮 5.0±0.5 公分正方形，厚度 0.25±0.05 公分蘇打餅乾 90 片 (含) 以上。

限用 1.3 公斤麵糰 (不得另加損耗)，製作麵皮 5.0±0.5 公分正方形，厚度 0.25±0.05 公分蘇打餅乾 80 片 (含) 以上

限用 1.2 公斤麵糰 (不得另加損耗)，製作麵皮 5.0±0.5 公分正方形，厚度 0.25±0.05 公分蘇打餅乾 70 片 (含) 以上

特別規定

① 麵糰配方中糖及油脂用量分別為麵粉用量之 5% 及 15% 以下。

② 膨脹劑限用酵母及小蘇打，發酵時間須超過 90 分鐘（攪拌後至壓麵前），應檢人須自行記錄並經監評人員蓋確認章。

③ 餅乾麵糰需經往復式壓麵機壓延折疊後，帶回工作檯成形。

④ 剩餘麵糰與成品同時繳交。

⑤ 應檢人需在測試時間內待成品冷卻至室溫後繳交評分。

⑥ 有下列情形之一者，以不良品計：成品表面有裂紋，或表面無氣泡，或成品收縮小於模具 80%，或最長邊與最短邊比超過 120%，或質地不硬脆，或每片厚度超過 0.8 公分。

題型分析

※ 依據專業性應檢須知 - 第二條 - 第 3 項的規定：請詳見 P.07。

◆ 限用 1.4 公斤 /1.3 公斤 /1.2 公斤麵糊，不得另加損耗，製做 90 片 /80 片 /70 片蘇打餅乾。

使用材料表

項目	材料名稱	規格
1	麵粉	高筋、中筋、低筋
2	油脂	烤酥油、人造奶油或奶油 ※◎烤酥油(全素用)
3	酵母	新鮮酵母或即發酵母粉

項目	材料名稱	規格
4	鹽	精鹽
5	糖	細砂糖
6	膨脹劑	小蘇打

備註:標示※為蛋奶素材料　標示◎為全素材料

烘焙計算

題目	麵糰重量（限用）	總百分比	係數
(1)	1.4 公斤（1400 公克）		9.03
(2)	1.3 公斤（1300 公克）	÷ 155 ÷	8.39
(3)	1.2 公斤（1200 公克）		7.742

配方 & 百分比

分類	原料名稱	百分比(%)	1400(g)	1300(g)	1200(g)
	係數		9.03	8.39	7.742
1	中筋麵粉	100	903	839	774
	細砂糖	5	45	42	39
	鹽	1	9	8	8
	小蘇打粉	1	9	8	8
	奶油	15	135	126	116
2	水	32	289	268	248
	酵母	1	9	8	8
	合計	155	1400	1300	1200

餅乾 F — 蘇打餅乾

技術士技能檢定烘焙食品丙級術科測試製作報告表

應檢人姓名：_____ 術科測驗號碼：_____(在術科測驗通知單上)

(一) 試題名稱　　限用 1.4 公斤麵糰(不得另加損耗)，麵皮 5.0±0.5 公分正方形厚 0.25±0.05 公分，蘇打餅乾 90 片，取 30 片作為評分用。

(二) 製作報告表

	原料名稱	百分比	重量(公克)	製作程序及條件
1	中筋麵粉	100	903	1. 清洗用具、秤料、烤箱預熱，上火 200/下火 170℃。 2. 中筋麵粉、細砂糖、鹽、小蘇打粉、奶油放入攪拌缸中，漿狀，慢速 2 分鐘。 3. 水、酵母攪拌均勻，倒入麵糰中，慢速 5 分鐘。 4. 麵糰用塑膠袋包起，冷藏鬆弛 20 分鐘。 5. 整型，使用壓麵機壓 3 折 3 次至麵皮光滑，再用塑膠袋包起，冷藏鬆弛 20 分鐘。 6. 取出麵糰，再用壓麵機壓到厚度 0.3 公分，放在桌面鬆弛 10 分鐘。 7. 模具沾上手粉，壓出所需的數量，整齊排放在烤盤上。 8. 入爐：上火 200/下火 170℃，烤焙 10-12 分鐘。 9. 成品與剩餘麵糊一起繳回。
	細砂糖	5	45	
	鹽	1	9	
	小蘇打粉	1	9	
	奶油	15	135	
2	水	32	289	
	酵母	1	9	
	合計	155	1400	

製作流程

*清洗用具、秤料、烤箱預熱，上火 200/ 下火 170℃。

麵糰製作

1. 中筋麵粉、細砂糖、鹽、小蘇打粉、奶油放入攪拌缸中。
2. 槳狀，慢速 2 分鐘。
3. 水、酵母攪拌均勻。
4. 倒入麵糰中，慢速 5 分鐘，打均勻。
5. 麵糰用塑膠袋包起，冷藏鬆弛 20 分鐘。

整型

6. 整型，刻度由大到小慢慢壓薄。
7. 壓 3 折 3 次。
8. 至麵皮光滑，再用塑膠袋包起，冷藏鬆弛 20 分鐘。
9. 取出麵糰，再用壓麵機壓到厚度 0.3 公分，放在桌面鬆弛 10 分鐘。

裁切

10. 模具沾上手粉，壓出所需的數量，整齊排放在烤盤上。
11. 壓成 5.0±0.5 公分正方形。
12. 厚 0.25±0.05 公分。

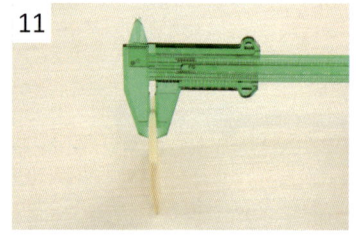

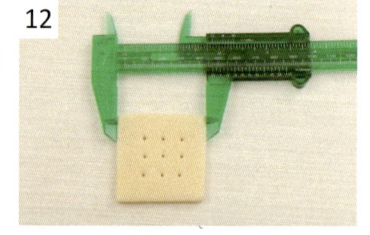

入爐

13. 入爐，上火 200/ 下火 170℃，烤焙 10～12 分鐘。

剩餘麵糰

14. 剩餘麵糰與成品一起繳回。

成品

15. 成品長寬 5±0.5 公分。

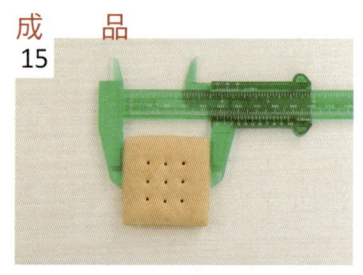

評分標準

一、工作態度與衛生習慣(20 分) ※ 請參考 P.07 之說明

二、配方制定(10 分) ※ 請參考 P.07 之說明

1. 未填寫百分比、重量或製作程序者，本項以零分計。
2. 凡有下列各項情形之任一項者扣 5 分：
   (1) 未使用公制、(2) 原料不在規定範圍內、(3) 稱量不合規定。

三、操作技術(20 分)

＊操作技術佔總評分 20 分。

四、產品外觀品質(30 分)

1. 有以下情形之一者，本項不予計分：
   (1) 成品不良率超過 20%(不良品標準見試題備註)。
2. 形狀(10 分)，如有下列情形者每一項各扣 4 分：
   (1) 有巨大氣泡、(2) 彎曲不平整、(3) 表面有小黑點。
3. 體積(10 分)，成品較生麵糰至少膨脹 3 倍，如有下列情形每一項扣 5 分：
   (1) 體積膨脹未達標準、(2) 膨脹過大。
4. 顏色(10 分)，表面與底部顏色應求一致，有下列情形者每一項扣 3 分：
   (1) 底部與表面顏色不一、(2) 外觀蒼白或焦黑過深、(3) 氣泡焦黑過深、(4) 邊緣焦黑過深。

五、產品內部品質(20 分)

1. 未烤熟，本項不予計分。
2. 組織(7 分)，應求鬆、空、脆，有下列情形者每一項各扣 5 分：
   (1) 組織過於堅密，缺乏層次感、(2) 組織不均勻。
3. 口感(7 分)，應求酥脆，不黏牙，如有下列情形者每一項各扣 4 分：
   (1) 過於堅硬、(2) 易黏牙，不易溶於口中。
4. 風味(6 分)，具有天然發酵香味，有下列情形每一項各扣 3 分：
   (1) 口味不正、(2) 淡而無味、(3) 其他異味。

餅乾 F 蘇打餅乾

小叮嚀

① 限用 1.4/1.3/1.2 公斤麵糰，不可算損耗，且剩餘麵糰需一併繳回。
② 切割麵糰時要確定餅乾的數量，多做一片少做一片都不可以。
③ 餅乾擺放在烤盤上擺法：

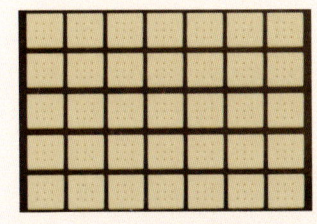

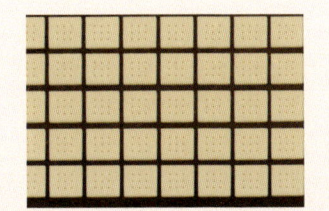

35 片 *2 盤 =70 片　　　40 片 *2 盤 =80 片　　　45 片 *2 盤 =90 片

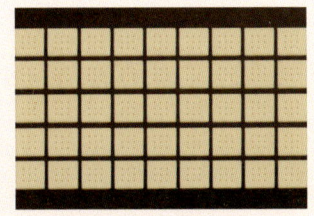

G 椰子餅乾 (077-900303G)

試題

限用 1.4 公斤麵糰 (不得另加損耗)，製作麵皮 8±0.5 公分 X4±0.5 公分，厚度 0.25±0.05 公分長方形椰子餅乾成品 80 片 (含) 以上 (椰子粉：麵粉＝ 6：100)。

限用 1.3 公斤麵糰 (不得另加損耗)，製作麵皮 8±0.5 公分 X4±0.5 公分，厚度 0.25±0.05 公分長方形椰子餅乾成品 70 片 (含) 以上 (椰子粉：麵粉＝ 8：100)。

限用 1.2 公斤麵糰 (不得另加損耗)，製作麵皮 8±0.5 公分 X4±0.5 公分，厚度 0.25±0.05 公分長方形椰子餅乾成品 60 片 (含) 以上 (椰子粉：麵粉＝ 10：100)。

特別規定

① 餅乾麵糰需經往復式壓麵機壓延折疊後，帶回工作檯成形。
② 剩餘麵糰與成品同時繳交。
③ 應檢人需在測試時間內待成品冷卻至室溫後繳交評分。
④ 有下列情形之一者，以不良品計：成品彎曲不平坦或有裂紋，或成品收縮後長或寬小於模具 80%，或質地不硬脆，或表面的氣泡超過面積 10% 以上或每片厚度超過 0.8 公分

題型分析

※ 依據專業性應檢須知 - 第二條 - 第 3 項的規定：請詳見 P.07。

◆ 限用 1.4 公斤 /1.3 公斤 /1.2 公斤麵糊，不得另加損耗，製做 80 片 /70 片 /60 片椰子餅乾。

使用材料表

項目	材料名稱	規格
1	麵粉	中筋、低筋
2	油脂	烤酥油、人造奶油或奶油 ※◎烤酥油（全素用）
3	糖	細砂糖、糖粉
4	油脂	精製椰子油或棕櫚油
5	椰子粉	細短條狀

項目	材料名稱	規格
6	奶粉	全脂或脫脂
7	鹽	精鹽
8	膨脹劑	碳酸氫銨
9	膨脹劑	小蘇打
10	◎豆漿粉	無糖、全豆磨製成漿煮沸再乾燥（全素用）
11	糖漿	高果糖糖漿(Brix 75 度，果糖含量 90%)，或轉化糖漿

備註：標示 ※ 為蛋奶素材料 標示◎為全素材料

烘焙計算

題目	麵糰重量（限用）	總百分比	係數
(1)	1.4 公斤（1400 公克）	÷ 195 ÷	7.33
(2)	1.3 公斤（1300 公克）		6.736
(3)	1.2 公斤（1200 公克）		6.154

配方 & 百分比

分類	原料名稱	百分比 (%)	1400(g)	1300(g)	1200(g)
	係數		7.33	6.736	6.154
1	低筋麵粉	100	733	674	615
	奶油	15	110	101	92
	糖粉	25	183	168	154
	鹽	1	7	7	6
2	水	43	315	290	265
	碳酸氫銨	1	7	7	6
3	椰子粉	6/8/10	44	54	62
	合計	191/193/195	1400	1300	1200

餅乾 G ─ 椰子餅乾

技術士技能檢定烘焙食品丙級術科測試製作報告表

應檢人姓名：＿＿＿＿＿＿ 術科測驗號碼：＿＿＿＿＿＿（在術科測驗通知單上）

(一) 試題名稱：限用 1.4 公斤 麵糰 (不得另加損耗) 製作麵皮 8±0.5cm×4±0.5cm 厚度 0.25±0.05 公分長方形椰子餅乾 80 片，椰子粉：麵粉 = 6：100

(二) 製作報告表

	原料名稱	百分比	重量（公克）	製作程序及條件
1	低筋麵粉	100	733	1. 清洗用具、秤料、烤箱預熱，上火 200/ 下火 170℃。
	奶油	15	110	2. 低筋麵粉、奶油、糖粉、鹽放入攪拌缸中，漿狀，慢速 2 分鐘。
	糖粉	25	183	3. 水、碳酸氫銨攪拌均勻，倒入麵糰中，慢速 2 分鐘。
	鹽	1	7	4. 加入椰子粉，慢速 30 秒拌勻。
2	水	43	315	5. 麵糰用塑膠袋包起，冷藏鬆弛 20 分鐘。
	碳酸氫銨	1	7	6. 整型，使用壓麵機壓 3 折 3 次至麵皮光滑，再用塑膠袋包起，冷藏鬆弛 20 分鐘。
3	椰子粉	6	44	7. 取出麵糰，再用壓麵機壓到厚度 0.3 公分，放在桌面鬆弛 10 分鐘。
	合計	191	1400	8. 模具沾上手粉，壓出所需的數量，整齊排放在烤盤上。
				9. 入爐：上火 200/下火 170℃，烤焙 10-12 分鐘。
				10. 成品與剩餘麵糊一起繳回。

製作流程

＊清洗用具、秤料、烤箱預熱，上火 200/ 下火 170℃。

麵糰製作

1. 低筋麵粉、奶油、糖粉、鹽放入攪拌缸中。
2. 漿狀，慢速 2 分鐘。
3. 水、碳酸氫銨攪拌均勻。
4. 倒入麵糰中，慢速 2 分鐘，打均勻。
5. 加入椰子粉，慢速 30 秒拌勻。
6. 麵糰用塑膠袋包起，冷藏鬆弛 20 分鐘。

整型

7. 整型，刻度由大到小慢慢壓薄。
8. 壓 3 折 3 次。
9. 至麵皮光滑，再用塑膠袋包起，冷藏鬆弛 20 分鐘。
10. 取出麵糰，再用壓麵機壓到厚度 0.3 公分，放在桌面鬆弛 10 分鐘。

裁切

11. 模具沾上手粉，壓成長 8±0.5cm。
12. 壓成寬 4±0.5cm。
13. 厚 0.25±0.05 公分。
14. 壓出所需的數量，整齊排放在烤盤上。

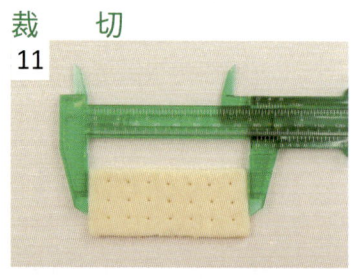

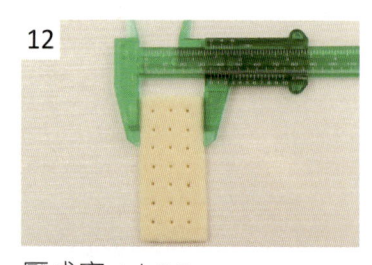

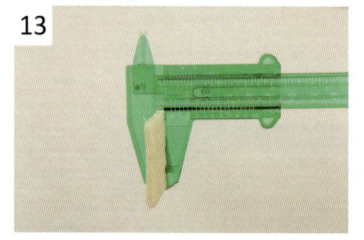

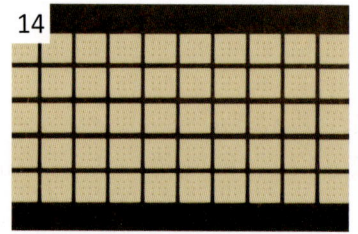

剩餘麵糰

15. 剩餘麵糰與成品一起繳回。

入爐

16

入爐，
上火 200/ 下火 170℃，
烤焙 10 ~ 12 分鐘。

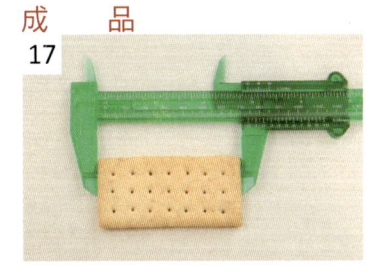

成品

17 成品長 7.5 公分。

18 成品寬 3.5 公分。

🏅 評分標準

一、工作態度與衛生習慣(20 分) ※ 請參考 P.07 之說明

二、配方制定(10 分) ※ 請參考 P.07 之說明

1. 未填寫百分比、重量或製作程序者，本項以零分計。
2. 凡有下列各項情形之任一項者扣 5 分：
   (1) 未使用公制、(2) 原料不在規定範圍內、(3) 稱量不合規定。

三、操作技術(20 分)

＊操作技術佔總評分 20 分。

四、產品外觀品質(30 分)

1. 有以下情形之一者，本項不予計分：
   (1) 成品不良率超過 20%(不良品標準見試題備註)。
2. 形狀(10 分)，須平整、無扭曲、無裂痕、表面出氣泡，如有下列情形者每一項各扣 4 分：
   (1) 厚薄不一、(2) 表面含氣泡、(3) 有裂紋。
3. 體積(10 分)，應較生麵皮膨脹 2 倍以上，如有下列情形每一項扣分：
   (1) 膨脹過大形成過多氣泡、(2) 未有膨脹。
4. 顏色(10 分)，表面與底部顏色應求一致之金黃色，有下列情形者每一項各扣 3 分：
   (1) 底部與表面顏色不一、(2) 表面與底部有黑色斑點、(3) 顏色過淺、(4) 顏色焦黑。

五、產品內部品質(20 分)

1. 未烤熟，本項不予計分。
2. 組織(7 分)，應求鬆脆且多小孔層次，有下列情形者每一項各扣 3 分：
   (1) 性質堅硬、(2) 無氣孔層次，組織結實、(3) 過於酥鬆。
3. 口感(7 分)，應求硬脆，但不可過硬；不黏牙，如有下列情形者每一項各扣 4 分：
   (1) 過於堅硬、(2) 易黏牙，不易溶於口中。
4. 風味(6 分)，天然牛奶或香草香味，有下列情形者每一項各扣 3 分：
   (1) 口味不正、(2) 淡而無味、(3) 其他異味。

🔔 小叮嚀

① 限用 1.2/1.3/1.4 公斤麵糰，不可算損耗，且剩餘麵糰需一併繳回。
② 切割麵糰時要確定餅乾的數量，多做一片少做一片都不可以。
③ 壓過的麵糰，建議放入冰箱鬆弛，整型切割時比較不容易收縮。

餅乾 G — 椰子餅乾

麥田金老師 開課資訊

教室名稱	報名電話	上課地址
麥田金烘焙教室	03-374-6686	桃園市八德區銀和街 17 號

台北市、新北市

172 探索教室	02-8786-1828	台北市信義區虎林街 164 巷 60 弄 8 號 1 樓
110 食驗室	02-8866-5031	台北市士林區文林路 730 號
易烘焙 diyEZbaking(大安)	02-2706-0000	台北市大安區信義路四段 265 巷 5 弄 3 號
好學文創工坊	02-8261-5909	新北市土城區金城路二段 378 號 2 樓
快樂媽媽烘焙教室	02-2287-6020	新北市三重區永福街 242 號

桃園、新竹、苗栗

糖品屋烘焙手作	0956-120-520	桃園市平鎮區興華街 101 巷 12 弄 1 號
36 號廚藝教室	03-553-5719	新竹縣竹北市文明街 36 號
愛莉絲廚藝學園	03-755-1900	苗栗縣竹南鎮三泰街 231 號

台中、彰化

台中 - 永誠行 - 民生店	04-2224-9876	台中市西區民生路 147 號
彰化 - 永誠行 - 彰化店	04-7243927	彰化市建國南路 109 巷 68 號
彰化 - 金典食品原料行	04-882-2500	彰化市溪湖鎮行政街 316 號

雲林、嘉義、台南

露比夫人吃.做.買	05-231-3168	嘉義市西區遠東街 50 號
食藝谷廚藝教室	05-232-7443	嘉義市興達路 198 號
朵雲烘焙教室	0986-930-376	台南市東區德昌路 125 號
大台南市社區公會	06-281-5577	台南市永康區小北路 22 號

高雄、屏東

我愛三寶親子烘焙教室	0926-222-267	高雄市前鎮區正勤路 55 號

東部

宜蘭縣果子製作推廣協會	0926-260-022	宜蘭縣員山鄉枕山路 142-1 號
宜蘭縣餐飲推廣協會	0920-355-222	宜蘭縣五結鄉國民南路 5-15 號
花蓮縣職能培訓人員職業工會	03-833-9238	花蓮縣花蓮市國盛二街 85 號

術科指定參考配方表

註：
1. 本表由應檢人試前填寫，可攜入考場參考，只准填原料名稱及配方百分比，如夾帶其他資料則配方制定該大項以零分計。（不夠填寫，自行影印或至本中心網站首頁－便民服務－表單下載－07700 烘焙食品配方表區下載使用，可電腦打字，但不得使用其他格式之配方表）
2. 題目為麵糰（糊）重之損耗不得超過 10%，題目為成品之損耗不得超過 20%。

貳、技術士技能檢定烘焙食品丙級術科指定參考配方表

應檢人姓名：＿＿＿＿＿＿＿＿＿＿　　術科測驗號碼：＿＿＿＿＿＿＿＿＿＿

產品名稱		產品名稱		產品名稱	
A、山形白土司		G、奶酥甜麵包			
原料名稱	百分比	原料名稱	百分比		
高筋麵粉	100	麵糰			
細砂糖	5	高筋麵粉	80		
鹽	1.5	低筋麵粉	20		
奶粉	4	細砂糖	22		
水	60	鹽	1.5		
即溶酵母	1.5	奶粉	4		
奶油（或烤酥油）	5	水	48		
		雞蛋	10		
合計	**177**	即溶酵母	1.5		
		奶油	10		
		合計	**197**		
		奶酥餡			
		奶油	80		
		鹽	0.5		
		糖粉	80		
		雞蛋	20		
		奶粉	100		
		合計	**280.5**		

貳、技術士技能檢定烘焙食品丙級術科指定參考配方表

應檢人姓名：＿＿＿＿＿＿＿＿＿＿＿＿　　術科測驗號碼：＿＿＿＿＿＿＿＿＿＿＿＿

產品名稱		產品名稱		產品名稱	
B、布丁餡甜麵包		D、圓頂葡萄乾土司			
原料名稱	百分比	原料名稱	百分比		
高筋麵粉	80	高筋麵粉	100		
低筋麵粉	20	細砂糖	15		
細砂糖	22	鹽	1.5		
鹽	1.5	奶粉	3		
奶粉	4	水	54		
水	48	雞蛋	7		
雞蛋	10	即溶酵母	1.5		
即溶酵母	1.5	奶油	10		
奶油	10	葡萄乾	30/25/20		
合計	**197**	**合計**	**222/217/212**		
布丁餡					
奶粉	10				
水	90				
細砂糖	28				
鹽	0.5				
玉米粉	15				
蛋	20				
奶油	5				
合計	**169.5**				

貳、技術士技能檢定烘焙食品丙級術科指定參考配方表

應檢人姓名：＿＿＿＿＿＿＿＿＿＿＿＿　　術科測驗號碼：

產品名稱		產品名稱		產品名稱	
B、布丁餡甜麵包		E、圓頂土司			
原料名稱	百分比	原料名稱	百分比	原料名稱	百分比
高筋麵粉	80	高筋麵粉	100		
低筋麵粉	20	細砂糖	10		
細砂糖	22	鹽	1		
鹽	1.5	奶粉	4		
奶粉	4	水	52		
水	48	雞蛋	8		
雞蛋	10	即溶酵母	1.5		
即溶酵母	1.5	奶油	10		
奶油	10				
合計	197	合計	186.5		
布丁餡					
奶粉	10				
水	90				
細砂糖	28				
鹽	0.5				
玉米粉	15				
蛋	20				
奶油	5				
合計	169.5				

貳、技術士技能檢定烘焙食品丙級術科指定參考配方表

應檢人姓名：_____　　術科測驗號碼：_____

產品名稱		產品名稱		產品名稱	
A、山形白土司		F、紅豆甜麵包			
原料名稱	百分比	原料名稱	百分比		
高筋麵粉	100	高筋麵粉	80		
細砂糖	5	低筋麵粉	20		
鹽	1.5	細砂糖	22		
奶粉	4	鹽	1.5		
水	60	奶粉	4		
即溶酵母	1.5	水	46		
奶油（或烤酥油）	5	雞蛋	10		
合計	177	即溶酵母	1.5		
		奶油	10		
		合計	195		
		紅豆餡	100		

貳、技術士技能檢定烘焙食品丙級術科指定參考配方表

應檢人姓名：＿＿＿＿＿＿＿＿＿＿＿＿　　術科測驗號碼：

產品名稱		產品名稱		產品名稱	
D、圓頂葡萄乾土司		G、奶酥甜麵包			
原料名稱	百分比	原料名稱	百分比		
高筋麵粉	100	麵糰			
細砂糖	15	高筋麵粉	80		
鹽	1.5	低筋麵粉	20		
奶粉	3	細砂糖	22		
水	54	鹽	1.5		
雞蛋	7	奶粉	4		
即溶酵母	1.5	水	48		
奶油	10	雞蛋	10		
葡萄乾	30/25/20	即溶酵母	1.5		
		奶油	10		
合計	222/217/212	合計	197		
		奶酥餡			
		奶油	80		
		鹽	0.5		
		糖粉	80		
		雞蛋	20		
		奶粉	100		
		合計	280.5		

貳、技術士技能檢定烘焙食品丙級術科指定參考配方表

應檢人姓名：_____　　術科測驗號碼：_____

產品名稱		產品名稱		產品名稱	
E、圓頂土司		F、紅豆甜麵包			
原料名稱	百分比	原料名稱	百分比		
高筋麵粉	100	高筋麵粉	80		
細砂糖	10	低筋麵粉	20		
鹽	1	細砂糖	22		
奶粉	4	鹽	1.5		
水	52	奶粉	4		
雞蛋	8	水	46		
即溶酵母	1.5	雞蛋	10		
奶油	10	即溶酵母	1.5		
合計	186.5	奶油	10		
		合計	195		
		紅豆餡	100		

貳、技術士技能檢定烘焙食品丙級術科指定參考配方表

應檢人姓名：＿＿＿＿＿＿＿＿＿＿＿＿　　術科測驗號碼：

產品名稱		產品名稱		產品名稱	
C、橄欖型餐包		D、圓頂葡萄乾土司			
原料名稱	百分比	原料名稱	百分比		
高筋麵粉	100	高筋麵粉	100		
細砂糖	10	細砂糖	15		
鹽	1	鹽	1.5		
奶粉	4	奶粉	3		
水	50	水	54		
雞蛋	8	雞蛋	7		
即溶酵母	1.5	即溶酵母	1.5		
奶油	8	奶油	10		
		葡萄乾	30/25/20		
合計	182.5	合計	222/217/212		

貳、技術士技能檢定烘焙食品丙級術科指定參考配方表

應檢人姓名：_____　　術科測驗號碼：_____

產品名稱		產品名稱		產品名稱	
A、巧克力戚風蛋糕捲		F、泡芙（奶油空心餅）			
原料名稱	百分比	原料名稱	百分比		
可可粉	22	麵糊			
小蘇打①	2	水	100		
溫水	80	鹽	1		
沙拉油	74	奶油	75		
蛋黃	74	高筋麵粉	50		
細砂糖①	50	低筋麵粉	50		
鹽	0.6	雞蛋	160		
低筋麵粉	100				
小蘇打②	2	合計	436		
塔塔粉	0.4				
細砂糖②	100	奶油布丁餡			
蛋白	148	牛奶	100		
		細砂糖	30		
合計	653	鹽	0.5		
		玉米粉	12		
		雞蛋	20		
		奶油	5		
		合計	167.5		

貳、技術士技能檢定烘焙食品丙級術科指定參考配方表

應檢人姓名：＿＿＿＿＿＿＿＿＿＿＿＿　　術科測驗號碼：

產品名稱		產品名稱		產品名稱	
C、海綿蛋糕		F、泡芙（奶油空心餅）			
原料名稱	百分比	原料名稱	百分比		
雞蛋	200	麵糊			
細砂糖	90	水	100		
低筋麵粉	80	鹽	1		
玉米粉	20	奶油	75		
奶粉	1.4	高筋麵粉	50		
水	12.6	低筋麵粉	50		
沙拉油	14	雞蛋	160		
香草精	0.5				
合計	418.5	合計	436		
		奶油布丁餡			
		牛奶	100		
		細砂糖	30		
		鹽	0.5		
		玉米粉	12		
		雞蛋	20		
		奶油	5		
		合計	167.5		

貳、技術士技能檢定烘焙食品丙級術科指定參考配方表

應檢人姓名：＿＿＿＿＿＿＿＿＿＿＿＿　　　術科測驗號碼：＿＿＿＿＿＿＿＿＿＿＿＿

產品名稱		產品名稱		產品名稱	
D、香草天使蛋糕		E、蒸烤雞蛋牛奶布丁			
原料名稱	百分比	原料名稱	百分比		
鹽	0.4	布丁液			
塔塔粉	0.5	細砂糖	25		
細砂糖	29	香草精	0.5		
蛋白	50	鮮奶	100		
低筋麵粉	15	雞蛋	50		
玉米粉	5				
香草粉	0.1	合計	175.5		
合計	100	焦糖液			
		細砂糖	100(限用)		
		水	40		
		合計	140		

貳、技術士技能檢定烘焙食品丙級術科指定參考配方表

應檢人姓名：＿＿＿＿＿＿＿＿＿＿＿＿　　　術科測驗號碼：

產品名稱		產品名稱		產品名稱	
A、巧克力戚風蛋糕捲		G、檸檬布丁派			
原料名稱	百分比	原料名稱	百分比		
可可粉	22	派皮			
小蘇打①	2	高筋麵粉	50		
溫水	80	低筋麵粉	50		
沙拉油	74	鹽	2		
蛋黃	74	細砂糖	3		
細砂糖①	50	白油	65		
鹽	0.6	冰水	30		
低筋麵粉	100				
小蘇打②	2	合計	200		
塔塔粉	0.4				
細砂糖②	100	派餡			
蛋白	148	奶粉	10		
		水	90		
合計	653	細砂糖	28		
		鹽	0.5		
		玉米粉	12		
		雞蛋	20		
		奶油	5		
		檸檬汁	5		
		合計	170.5		

貳、技術士技能檢定烘焙食品丙級術科指定參考配方表

應檢人姓名：＿＿＿＿＿＿＿＿＿＿＿＿　　術科測驗號碼：＿＿＿＿＿＿＿＿＿＿＿＿

產品名稱 B、大理石蛋糕		產品名稱 E、蒸烤雞蛋牛奶布丁		產品名稱	
原料名稱	百分比	原料名稱	百分比		
白麵糊		布丁液			
奶油	85	細砂糖	25		
低筋麵粉	100	香草精	0.5		
泡打粉	1.6	鮮奶	100		
糖粉	85	雞蛋	50		
雞蛋	83				
奶粉	1.6	合計	175.5		
水	14.4				
		焦糖液			
合計	370.6	細砂糖	100(限用)		
		水	40		
巧克力麵糊					
可可粉	1.6	合計	140		
小蘇打粉	0.4				
溫水	5				
白麵糊	100				
合計	107				

貳、技術士技能檢定烘焙食品丙級術科指定參考配方表

應檢人姓名：＿＿＿＿＿＿＿＿＿＿＿　　術科測驗號碼：

產品名稱		產品名稱		產品名稱	
C、海綿蛋糕		G、檸檬布丁派			
原料名稱	百分比	原料名稱	百分比		
雞蛋	200	派皮			
細砂糖	90	高筋麵粉	50		
低筋麵粉	80	低筋麵粉	50		
玉米粉	20	鹽	2		
奶粉	1.4	細砂糖	3		
水	12.6	奶油	65		
沙拉油	14	冰水	30		
香草精	0.5	合計	200		
合計	418.5	派餡			
		奶粉	10		
		水	90		
		細砂糖	28		
		鹽	0.5		
		玉米粉	12		
		雞蛋	20		
		奶油	5		
		檸檬汁	5		
		合計	170.5		

貳、技術士技能檢定烘焙食品丙級術科指定參考配方表

應檢人姓名：_____　　術科測驗號碼：_____

產品名稱 D、香草天使蛋糕		產品名稱 F、泡芙（奶油空心餅）		產品名稱	
原料名稱	百分比	原料名稱	百分比		
鹽	0.4	麵糊			
塔塔粉	0.5	水	100		
細砂糖	29	鹽	1		
蛋白	50	奶油	75		
低筋麵粉	15	高筋麵粉	50		
玉米粉	5	低筋麵粉	50		
香草粉	0.1	雞蛋	160		
合計	100	合計	436		
		奶油布丁餡			
		牛奶	100		
		細砂糖	30		
		鹽	0.5		
		玉米粉	12		
		雞蛋	20		
		奶油	5		
		合計	167.5		

貳、技術士技能檢定烘焙食品丙級術科指定參考配方表

應檢人姓名：＿＿＿＿＿＿＿＿＿＿＿＿　　術科測驗號碼：

產品名稱		產品名稱		產品名稱	
A、貓舌小西餅 || C、調味小餅乾				
原料名稱	百分比	原料名稱	百分比		
奶油	90	中筋麵粉	100		
糖粉	90	奶油	10		
蛋白	95	細砂糖	3		
低筋麵粉	100	小蘇打	0.5		
		鹽	1		
合計	375	乳酪粉	4		
		乾燥蔥末	1		
		水	36		
		酵母	1.2		
		合計	156.7		

貳、技術士技能檢定烘焙食品丙級術科指定參考配方表

應檢人姓名：＿＿＿＿＿＿＿＿＿＿＿＿＿　　術科測驗號碼：＿＿＿＿＿＿＿＿＿＿＿＿

產品名稱		產品名稱		產品名稱	
B、葡萄乾燕麥小西餅		E、瑪琍餅乾			
原料名稱	百分比	原料名稱	百分比		
奶油	80	低筋麵粉	100		
二砂糖	90	奶粉	5		
鹽	1.5	香草粉	0.5		
雞蛋	78	奶油	20		
低筋麵粉	100	鹽	0.5		
泡打粉	1	糖粉	10		
小蘇打粉	0.5	糖漿（果糖）	25		
燕麥片	60	水	28		
葡萄乾	60	小蘇打粉	0.5		
		碳酸氫銨	0.5		
合計	471	合計	190		

貳、技術士技能檢定烘焙食品丙級術科指定參考配方表

應檢人姓名：＿＿＿＿＿＿＿＿＿＿＿　　　術科測驗號碼：

產品名稱 D、擠注成型小西餅		產品名稱 F、蘇打餅乾		產品名稱	
原料名稱	百分比	原料名稱	百分比		
奶油	70	中筋麵粉	100		
糖粉	35	細砂糖	5		
鹽	0.5	鹽	1		
雞蛋	24	小蘇打粉	1		
香草粉	1	奶油	15		
低筋麵粉	100	水	32		
		酵母	1		
合計	230.5	合計	155		

貳、技術士技能檢定烘焙食品丙級術科指定參考配方表

應檢人姓名：_____　　　術科測驗號碼：_____

產品名稱		產品名稱		產品名稱	
A、貓舌小西餅		G、椰子餅乾			
原料名稱	百分比	原料名稱	百分比		
奶油	90	低筋麵粉	100		
糖粉	90	奶油	15		
蛋白	95	糖粉	25		
低筋麵粉	100	鹽	1		
		水	43		
合計	375	碳酸氫銨	1		
		椰子粉	6/8/10		
		合計	191/193/195		

貳、技術士技能檢定烘焙食品丙級術科指定參考配方表

應檢人姓名：＿＿＿＿＿＿＿＿＿＿＿　　術科測驗號碼：

產品名稱 D、擠注成型小西餅		產品名稱 E、瑪琍餅乾		產品名稱	
原料名稱	百分比	原料名稱	百分比		
奶油	70	低筋麵粉	100		
糖粉	35	奶粉	5		
鹽	0.5	香草粉	0.5		
雞蛋	24	奶油	20		
香草粉	1	鹽	0.5		
低筋麵粉	100	糖粉	10		
		糖漿（果糖）	25		
合計	230.5	水	28		
		小蘇打粉	0.5		
		碳酸氫銨	0.5		
		合計	190		

貳、技術士技能檢定烘焙食品丙級術科指定參考配方表

應檢人姓名：＿＿＿＿＿＿＿＿＿＿＿＿　　術科測驗號碼：＿＿＿＿＿＿＿＿＿＿＿＿

產品名稱		產品名稱		產品名稱	
A、貓舌小西餅		F、蘇打餅乾			
原料名稱	百分比	原料名稱	百分比		
奶油	90	中筋麵粉	100		
糖粉	90	細砂糖	5		
蛋白	95	鹽	1		
低筋麵粉	100	小蘇打粉	1		
		奶油	15		
合計	375	水	32		
		酵母	1		
		合計	155		

貳、技術士技能檢定烘焙食品丙級術科指定參考配方表

應檢人姓名：_____　　術科測驗號碼：_____

產品名稱		產品名稱		產品名稱	
B、葡萄乾燕麥小西餅		G、椰子餅乾			
原料名稱	百分比	原料名稱	百分比		
奶油	80	低筋麵粉	100		
二砂糖	90	奶油	15		
鹽	1.5	糖粉	25		
雞蛋	78	鹽	1		
低筋麵粉	100	水	43		
泡打粉	1	碳酸氫銨	1		
小蘇打粉	0.5	椰子粉	6/8/10		
燕麥片	60				
葡萄乾	60	合計	191/193/195		
合計	471				

數位學習專業平台

上優好書網
會員招募

課程抵用券 $100
立即加入會員贈送$100課程抵用券

2024 最新強打課程

營業版！小資創業 滷出百萬商機
授課老師：李鴻榮

圍爐年菜輕鬆做 海陸龍歡喜
授課老師：鄭至耀、陳金民

圍爐年菜輕鬆做 賜喜御膳房
授課老師：鄭至耀、陳金民

老師傅的滬菜家宴
授課老師：戴德和

居家新手的烘焙饗宴
授課老師：袁釧雯

節慶經典宴席料理
授課老師：鐘坤賜、周景堯

上優好書網
線上教學｜購物商城

加入會員
開課資訊

LINE客服

加強班 8
最新修訂版

全攻略
烘焙食品丙級完勝密技

作　　者	麥田金
總 編 輯	薛永年
美術總監	馬慧琪
文字編輯	上優編輯群
美術編輯	李育如
攝　　影	蕭德洪
出 版 者	上優文化事業有限公司
電　　話	(02)8521-3848
傳　　真	(02)8521-6206
E-mail	8521book@gmail.com（如有任何疑問請聯絡此信箱洽詢）
印　　刷	鴻嘉彩藝印刷股份有限公司
業務副總	林啟瑞 0988-558-575
總 經 銷	紅螞蟻圖書有限公司
地　　址	台北市內湖區舊宗路二段 121 巷 19 號
電　　話	(02)2795-3656
傳　　真	(02)2795-4100
網路書店	www.books.com.tw 博客來網路書店
出版日期	2024 年 8 月
版　　次	三版一刷
定　　價	400 元

全攻略 烘焙食品丙級完勝密技 / 麥田金著.
-- 三版 -- 新北市：上優文化，2024.08
168 面；19×26 公分 (加強班；8-2)
ISBN 978-626-98506-5-5（平裝）

1. 點心食譜 2. 烹飪 3. 考試指南

427.16　　　　　　　　　　　　113007930

Printed in Taiwan
版權所有・翻印必究
書若有破損缺頁，請寄回本公司更換

| 上優專頁 | 上優好書網 |